关系物化

郭彦余 —— 著

别人怎么对你
都是你惯的！

台海出版社

北京市版权局著作合同登记号：图字01-2021-1589

本书中文繁体字版本由城邦文化事业股份有限公司-商周出版在台湾出版，今授权人天兀鲁思（北京）文化传媒有限公司在中国大陆地区出版其中文简体字平装本版本。该出版权受法律保护，未经书面同意，任何机构与个人不得以任何形式进行复制、转载。

项目合作：锐拓传媒copyright@rightol.com

图书在版编目（CIP）数据

关系物化 / 郭彦余著. —— 北京：台海出版社，2021.6

ISBN 978-7-5168-2966-0

Ⅰ.①关… Ⅱ.①郭… Ⅲ.①心理学－通俗读物 Ⅳ.①B84-49

中国版本图书馆CIP数据核字(2021)第065815号

关系物化

著　　者：郭彦余

出 版 人：蔡　旭　　　　　　　　封面设计：@刘哲_NewJoy
责任编辑：曹任云　　　　　　　　策划编辑：李梦黎

出版发行：台海出版社
地　　址：北京市东城区景山东街 20 号　　邮政编码：100009
电　　话：010－64041652（发行，邮购）
传　　真：010－84045799（总编室）
网　　址：www.taimeng.org.cn/thcbs/default.htm
E－m a i l：thcbs@126.com

经　　销：全国各地新华书店
印　　刷：北京众意鑫成科技有限公司
本书如有破损、缺页、装订错误，请与本社联系调换

开　　本：880 毫米 ×1230 毫米　　1/32
字　　数：137 千字　　　　　　　印　　张：7.25
版　　次：2021 年 6 月第 1 版　　印　　次：2021 年 8 月第 1 次印刷
书　　号：ISBN 978-7-5168-2966-0

定　　价：49.00 元

推荐序

在亲密与独立之间，
找到一种平衡的可能

海苔熊 / 爱情心理专家

人与人之间，最可贵的互动是关系，但往往最伤人的，也是关系。

为什么会这样呢？这是因为当我们用需求的眼光和期待的视角（虽然不愿明说），渴望着对方了解我们时，其实就说明这段关系开始缺乏双向沟通和交流了。即使我们很容易变成彼此的物品——你"看起来好像很在意"，所以我会满足你的需求；我"看起来好像很难办"，所以你会顺从我的选择。两人活在彼此的期待里，都无法做自己，可是又渴望做自己。所以，在每一次的互动里，我们都尽可能地猜测对方的意图：渴望对方的拥抱，但是我们说不出来；一次次在失望中期待着他（她）会变成符合我理想的样子，但是最后我们发现，这一切都只是我们单方面的幻想。

这就是为什么作者认为，一段好的关系并不是谁付出得多、谁满足谁就可以了，一段好的关系，应该是一种双向的沟通。如果跳过了这些沟通，我们就只是在"交易"，而不是在"交情"，而此时，关系也会变成物品。

变成对方的附属品

不过，上面的情况还算好的。

更糟糕的情形是，让自己沦落成对方的物品。你可能会有非常低的自我价值、模糊的人际界限，即使你每天都无法做自己，可是，你依旧渴望得到对方的认同。你就像是《玩具总动员》中的娃娃盖比，内心深处有一个巨大的洞，渴望被人带回家，所以，你总是演出许多迎合与讨好的剧目。因此，你在工作职场、家庭亲人、感情婚姻，甚至亲子关系当中，把自己变成对方的工具——只渴望被使用、被奴役、被放在手心。这也许可以让你短暂地获得认同、赞许，甚至不可或缺的感觉，但过了一段时间以后，你就会开始担心：是不是我不努力，就不会有人爱了？是不是我变得没有用，你们就会离开我了？

既然有"物品"，就有"使用物品"的人。如果你常处在上面描述的那种状态中，对方就可能把你当成自己的延伸，用"我都是为你好"的方式来绑架你。你必须无止境地满足他们的需求，当你获得奖励的时候，也许会获得喘息的机会，但是很快，下一场战争又会到来。你一辈子都是在为别人而活，却永远不知道自己真正想要的是什么。

走出物化关系

那么该怎么办呢？作者用精辟的笔调，解开家庭、亲子、伴侣、职场中种种"被物化的关系"，并归纳出一个很重要的法则——在物化关系中，往往只有"一个人被看见"；可能是只看见自己，可能是只看见对方，也可能以为互相已经看见了彼此。但到头来才发现，自己所看到的只不过是对方在自己眼中的幻象。想要走出物化的关系，只有一个办法，就是如实地看见彼此，并且创造双向的沟通。具体来说，就是清楚自己要的是什么、清楚对方要的是什么，并且在一次又一次的沟通中，澄清彼此的"以为"，让那些一个又一个的以为，成为更加了解彼此的机会。

作者在最后提到了"孤独"这个概念，跟我的想法不谋而合。我常常觉得，没有人是一个孤岛，但每个人内心都有一座寂寞的城堡，但就算寂寞也没关系，或许正是因为寂寞，才把我们彼此羁绊在一起。

但也因为彼此羁绊，往往忘记了人与人之间的界限，遗忘了即使是与最亲近的人相处，也要尊重对方的自主。要做到这件事情，并没有捷径，只有开启双向的沟通，才能同时拥有亲密与独立。

作者在书的最后说"关系无法消灭孤独，但可以帮助我们面对孤独"，前提是，这必须是一段真诚而且互相交流的关系，当我们愿意先放下自己的成见、开始愿意用真实的自己靠近对方时，虽然不一定能够解决内心的孤独，但至少会为这段关系的"以后"，创造更多的可能。

前　言

我们拥有的究竟是爱，还是已经物化的爱

每个人都是"关系"的生物。

即便拥有天纵之才，也无法孤独地活在"关系"之外。

如同哲学家马丁·布伯（Martin Buber）所说："关系是一切的起源。"

然而，人们从诞生开始，就必须面临着与这个世界分离的孤独。"与世界和其他生命体分开的事实"以及"与生俱来对群体联结的本能需求"，这两者冲撞之下带来的强烈孤独感无法消除，只能与之共处，但很少有人能够认清这一点，于是人们拼命寻找各种能够消除孤独的方式。

在当前鼓励消费、鼓励追求快感和获利的社会氛围下，这种不可避免的焦虑与不安，成为一种可以获利的商机。人们迫切想要快速消灭生活中各种限制带来的负面感受，尽可

能地填满无止境的欲望黑洞，像是大量消费的网购或囤货，可以带给个人内心的满足感与安全感；也可以投入网络游戏，透过简单的练级或小额的氪金，就可以在虚拟世界中获得立即性的反馈，不需要经历现实世界的等待与挫败……

周而复始，人们越来越习惯以物化的方式来处理各种情感性的问题，甚至将身边所有关系物化也不觉得有异常，包括爱情、亲情、友情以及任何与人际情感联结有关的层面。

甚至人不再被当成有思想、有感受、有生命、有灵魂的生物，而是一种可以被压榨获利的商品，可以满足个人与公司需求的商品。

长期处在这样的环境下，有些极度渴望被爱的人，就会为了想要被爱而物化自己，进而忽视自己的感受，把自己变成他人的附庸品；而有些人则是利用这种心态来物化别人，眼里只看到自己、关注自己，把对方当成自己舒缓寂寞的工具。

物化他人与物化自己的三大指标

关系物化指的是在人际情境中，任何一方为了满足欲望，无视自己或对方的感受，把人当成没有情感的物品，采用损害彼此身心、权益或资源的方式，来达到预定目标的人际互动模式。

关系物化不仅是指"物化他人"或"被他人物化"，也包括个人因为自身的匮乏而忽略他人的贬抑、伤害与攻击，进而"物化自己"。关系物化是双方共同创造出来的产物。

无论关系物化展现在哪一种关系形态当中，包括爱情、友情、亲情、人际以及与自我的关系等各种情境，都具备三大指标：只关注自己、忽略他人、单向性，这也是用来检视身边关系的重要特征。

一是只关注自己：物化他人者，只在意自己的利弊得失，并将之视为最优先的考量，而不管可能带来的任何负面效应或对别人造成的伤害；物化自我者，则只在意自己的形象，为了经营自己在别人心中的形象而委曲求全，或者为了从别人身上获得保护，不断地牺牲自己、隐藏自己、伤害自己。

二是忽略他人：物化他人者，无视自己的行为对他人造成的一切伤害，即使知道这样的伤害如果发生在自己身上，自己也不能接受，还是一意孤行；物化自我者，则无视他人对自己的关心、爱护及付出，做出危害自己的事情或自暴自弃。

三是单向性：物化他人者，不会随着关系中另一方的回应做出任何相应的调整，坚持要按照自己的想法行动，我行我素；物化自我者，则永远以对方的想法和行动为主，贬低自己。

被接纳胜过被保护——翻转的需求层次理论

心理学家亚伯拉罕·马斯洛（Abraham H. Maslow）的需求层次理论（Maslow 's Hierarchy of Needs）提及，人们成长发展的内在动机是由需求组成的，分别是生理需求（食物、水、睡眠、性欲等）、安全需求（人身安全、免受威胁等）、爱与归属需求（被接纳、被爱护）、尊重需求（受人重视、维持个人价值）和自我实现需求（发挥潜能、达成个人理想境界）五种。

原则上来说，人们会倾向优先满足生理和安全需求，行有余力，才会进一步追求其他的需要。然而，社会认知神经科学家马修·利伯曼（Matthew D. Lieberman）却认为，需求层次理论的优先顺序或许应该被翻转。他通过大脑科学实验证明，推动人们生活的优先需求或许并不是生理与安全，而是与人联结的渴望，也就是爱与归属的社会需求。

利伯曼发现，当人们什么都不做的时候（不用工作、念书或执行任何任务的放空时刻），大脑内掌管人际联结的脑区就会一直处在活跃的状态，反复思考与人际有关的议题。同样的现象，也可以在不谙世事的婴儿身上观察到。

也就是说，大脑在我们什么事情都不做的时候，会自然启动关注人际联结的预设网络。各种科学实验都证明，人际联结需求不仅是人类最渴望的基本需求，也是生存不可或缺的重要条件。

在人际上获得满足，包括被肯定、被接纳所获得的归属感所带来的心理愉悦，以及后续引发的生理效应，等同于实质的药物、食物给身体带来的正面影响。

同样地，我们在人际上所经历的那些看似抽象的挫折，例如被排挤、被责骂所带来的心理痛苦和后续对身体造成的影响，同样等同于现实生活中实质的生理伤害。

利伯曼认为，许多我们以为的纯粹心理活动，其实比我们所想的更为具体有形。因为所有心理活动都根植于大脑的生理历程，而这些心理活动，几乎都跟人际联结脱离不了关系。

我们极度渴望获得别人的正面评价，即便是面对完全陌生的人，也还是很希望跟他们有正面的联结。

日本高知工科大学的社会认知神经科学家出马圭世（Keise Izuma），在日本进行的一项研究证明了这个观点。他让实验参与者躺在大脑扫描仪中观看不曾见过、也不曾想要认识的陌生人给的夸奖信息。当参与者接收到这些信息时，大脑中与奖赏系统有关的脑区便被启动，这些脑区与参与者在完成任务、获得金钱奖励时所启动的脑区是类似的。

实验说明了人们容易受他人正向反馈的影响，而且大脑系统的奖赏部位对类似反馈的反应，也远比想象中强烈许多。

因此，我们用尽各种方法，满足对人际渴望的行为也就不足为奇了。不管是通过讨好别人、降低自己的屈从方式，还是攻击别人、抬高自己的自以为是。这些行为都是想要满足本能上对联结的渴望，以获得大脑在这些内建程序被满足时所带来的生理满足。

渴求被爱，宁愿物化与被物化

小倩是身陷关系物化的典型例子。她纠结于反复劈腿、说谎的伴侣关系之中，每当她下定决心要结束这段畸形的关系时，对方总是以甜言蜜语与威胁恐吓并用的方式，留住小倩。

甜言蜜语的时候，男友会声泪俱下，告诉小倩她才是自己的最爱，其他对象都只是一时意乱情迷、逢场作戏；威胁恐吓的时候，男友会让小倩知道自己一旦没有了她就不能活，如果她真的坚持离开，那不如同归于尽！

这种沉重又看似热切的宣告，让小倩相信自己对男友而言真的不可或缺，尽管亲朋好友苦口婆心，再三劝说要她分手，可小倩依然相信男友会改变。

为了维持伴侣关系，让男友相信她对感情的坚贞，小倩搬离了原有的生活圈，疏远了所有关心她的亲朋好友。

小倩付出了一切，什么都不剩。

最后，她只能独自一人在这段有毒的关系中继续饮鸩止渴，痛苦挣扎……

对于受困于有毒关系的小倩来说，最强烈的需要显然并非生理与安全，而是被爱。

被爱、保持伴侣关系对小倩来说，远胜于其他所有需要。

为此，她可以放弃家人与朋友，离开熟悉的家庭与工作，无视这些真正关爱她的人，也无视自己在关系中所受到的伤害，只为了获得被爱的感觉，避免只身一人的孤独感，即便代价可能是自我毁灭，也在所不惜。

小倩为了满足内心对爱的渴望，而忽略对方对她的伤害，两人都在这个单向性的互动中，共谋出一种日渐疏远、互相损耗的关系形态。

我身边还有些与小倩一样，为了被爱而不惜代价的人，但他们展现了另一种有别于小倩的行为——通过不断地更换伴侣来证明自己的价值，并引以为傲，对自己给别人造成的伤害视而不见。小倩的男友便是如此，在关系当中为所欲为，完全不把小倩的情感需求当一回事，伤害或攻击是他们关系当中常见的互动模式。

在这种物化的关系中，双方都只是为了满足自己的需要，而从未将对方当作一个有感情、有思考、会受伤的"人"看待。如此下去，只会日渐疏远，明明置身于关系之中，却产生更深刻的孤独感，甚至因为这样不健康的关系，将自身推向毁灭的深渊。

摆脱物化困境，从不健康的关系中脱身

当谎言与假象漫天纷飞，各种光怪陆离的人际现象充斥

着生活时，它们让爱情、亲情、友情、职场等人际关系全都变了味。当社会不断鼓吹"衣、食、住、行、育、乐、美"层面的享受，并将这样的享受模式移植到人际联结的社会需求上时，会让我们越来越容易忽略人性本质中那个充满感情的存在，最后导致关系的扭曲、混乱与破灭，让人与人的互动陷入互相耗竭与伤害之中。

本书列举出几种在爱情、友情、亲情以及职场上常见的，会导致身心耗竭的关系物化案例，这些案例均取材于日常生活中常见的事件、社会新闻以及媒体报道等真实故事，旨在呈现我们日常生活中常见的关系物化原型，并分析这些原型背后的起因。

这些分析以存在心理学与科学实验为基础，让人们在阅读时能够理解、辨识与思考是哪些元素形成了这些不健康的物化关系，甚至对照目前让自己所困扰的是哪种物化原型的情境，并借着每章文末的各种思考练习，让自己免于陷入物化的关系之中，与所爱的人建立起更纯粹、更真诚的互动。

目 录
Contents

IV　自我的物化

结　语

后　记

I

恋人关系的物化

从古至今，爱情都是最扣人心弦的一种关系，

也是令很多人最为神魂颠倒的一种关系。

爱情的美好，常让人忘了自己，忘了对方，

沉浸在黏腻、不分你我的"我们"之中。

因为我爱你，所以你是我的；因为你爱我，所以我是你的。

这种不自觉将伴侣物化成商品的心态，将深深伤害彼此。

因为我爱你，所以你可以放心做你自己；

因为你爱我，所以我可以放心做我自己。

分开独处时，我们可以各自照顾好自己；

见面相伴时，我们会因为互相关怀、分享生活而过得更好。

没有谁是谁的，我们都属于自己。

这才是真正能带来滋养的爱情。

01

因为我爱你，所以你是我的

用恋人补足失去的控制感

对冠俊来说，情人就是一体的，是彼此不可分割的存在。

"因为我爱你，所以你是我的。"冠俊深情地望着嘉莹说，"包括身体和心灵，你的一切都是我的，所以不管你去哪儿，都要向我报备；没有我的允许，你哪儿也不能去，懂了吗？"

嘉莹抚着因为被掌掴而火辣的脸颊，颤抖地回答："懂了。"

是什么让这段原本看似浪漫的恋情，变成了醒不过来的噩梦？

逐渐扭曲的心路历程

从"轻松的第一名"到"勉强的第一名"

冠俊从小就认为自己与众不同，是特立独行的存在。从小学到初中，他总是班级和全校的第一名，运动、学习都难不倒他，他是学校里集所有光环于一身的风云人物；初中毕业后，他也在所有人的赞赏声中，顺理成章地考进第一志愿高中就读。

在这个阶段，他可以说是志得意满。身边围绕着众多仰慕者，但他都没放在眼里，因为他高傲地认为自己跟他们属于不同的世界。他想要所有人都崇拜他，知道他有多么出类拔萃。

可进入高中以后，冠俊这才发现人外有人，天外有天。他无法再像从前一样，轻而易举地获得第一名。甚至，他得非常努力，才能维持过去的"明星光环"。他对自己感到失望、挫败，但他却极力否认这种感觉，只是不断地告诉自己："我可以的，我是最强的！"

他依旧相信自己是天之骄子，只要自己愿意，团体中最耀眼的"明星"将永远是自己。结果也确实如此，冠俊在不断地努力下，如愿以偿地成为班级的第一名，同时，他还是学校最大社团的社长，在运动场上也表现不俗。他想向自己证明，他没有变，他跟从前一样杰出，即使环境不同、对手更强，他还是最优秀的。

然而，看似风光的冠俊，此时他的内心已经非常疲惫。他很害怕被别人超越，也很害怕被别人抢了风头，毕竟班上同学远比他想象中的要出色，稍不注意，他就会从第一的宝座上跌落下来。

情感也要第一名

三年后，再次拼尽全力考进第一志愿的冠俊，发现在高手如云的大学里，自己再怎么埋头苦读，学习成绩始终在十名之外徘徊了。

这突如其来的挫败感深深地吞噬着他的自尊，他无法接受这样的自己，但也无法否认这样的事实。每当夜深人静时，冠俊常常暗自啜泣。

他觉得好累，也觉得没有人懂他。家人对他好，只是因为他表现优秀，让家人有面子，可以在外面炫耀，一旦冠俊的学习成绩稍有退步，父母便动手打骂他；同学对他好，只是因为他可以在同学需要的时候提供帮助，一旦他没有了利用价值，就没有人理他。

他觉得这个世界虚伪，每个人都是戴着假面具在生活，包括他自己。

失去众人掌声的他，顿时觉得好寂寞、好凄凉。

此时，冠俊注意到了品学兼优、才貌双全的嘉莹。她是全校不少男同学心目中的女神。冠俊认为，如果能与嘉莹交往，就能重新证明自己的卓越，找回"世界以自己为中心打转"的感觉。因此，他开始千方百计地接近嘉莹。

他事先查询嘉莹的课表、打探她的生活作息，守候在她上下课必经的路上或去兼职的途中，创造多次不期而遇的巧合假象，并借此机会向嘉莹献殷勤。

他会在嘉莹兼职下班时，提前在宿舍前站岗，送上热腾腾的夜宵；也会在她清晨早课的教室外，递上早餐；更会在她生病时，送上能够补充维生素 C 的贴心热饮。此外，冠俊也常常主动打电话陪嘉莹聊天，指导她不擅长的学科报告。经过一连串的努力，冠俊终于达成了目标——顺利与嘉莹成为男女朋友。

成为对方世界的第一名

冠俊认为，既然两人已经是男女朋友，嘉莹的世界就应该以自己为中心，他先是要求嘉莹分享手机定位让他掌握行踪，最后甚至演变成要她随叫随到，如有延迟，就要求嘉莹下跪道歉。

此外，每当事情不如冠俊的意，例如嘉莹不在指定的时间将早餐送过来、没空陪他看电影等，他就会疯狂地对嘉莹吼叫，然后拿走嘉莹的手机，将她反锁在房间里，不准她与外界联络。

每当嘉莹受不了提出分手时，冠俊就会表现出自责万分的样子，发誓自己一定会诚心悔过、痛改前非，说这些行为完全都是出于对嘉莹的爱。并且他还会做出很多极端的行为，不是拿刀割腕自残，就是撞墙撞到头破血流，甚至是到高楼作势向下跳、冲到马路上企图撞车……

嘉莹害怕冠俊真的自杀，也认为冠俊真的对自己用情甚深、不能失去自己，所以一次又一次心软并努力维持这段关系，但冠俊只是一次又一次故技重施，而且他还变本加厉，从原先的自残演变成对嘉莹拳脚相向。

每次暴力过后，冠俊就会抱着伤痕累累的嘉莹痛哭流涕，说他错了，下次一定会悔改；但同时他也威胁嘉莹，说如果她敢再提分手，或者把这一切告诉别人，他就会用尽办法让她彻底身败名裂，并且恐吓她，要让她见不到明天的太阳。

冠俊告诉嘉莹，有很多人想跟他在一起都被他拒绝了，因此嘉莹应该为两人交往感到荣幸，更要心怀感恩。贬低嘉莹让冠俊有种说不出的优越感。与嘉莹交往之初，他只是想试试他究竟可以握有多少权力，在逐步试探嘉莹的底线后，他发现嘉莹温顺的个性可以任他予取予求。嘉莹的害怕，更让他觉得自己高高在上，可以支配一切。到后来，他甚至认为嘉莹只不过是他的附属品，可以让他为所欲为。

而长期被冠俊羞辱的嘉莹变得越来越没有自信，也不敢向外界求助。直到家人发现异状，强制将嘉莹带离冠俊身边，并起诉冠俊对她造成的伤害，这才结束了嘉莹长期以来的梦魇。

消除内在失落与焦虑的企图

通过"融合"与"整合"他人寻求安全感

每个人终其一生，都在努力成为独立的个体，不管是追求思想上、行为上还是经济上的独立，都是为了让自己拥有更多自主性，可以用自己喜欢的方式去生活。然而，这个过程是需要付出代价的——孤独。

因为，独立代表我们要自己做决定，也要为所做的决定和后果负全责，所以在某种程度上，我们必须放弃别人为自己承担风险、保护自己的可能性，这就意味着我们把自己从亲朋好友身边分离了出来，成为"自己的父母"。当我们对自己负责时，随之而来的便是深刻的寂寞感。

心理学家艾瑞克·费洛姆（Erich Fromm）认为，追求自主的分离情境是引发所有焦虑的来源，分离意味着被切割开来，也意味着无助，意味着世界可以伤害我，但我却没有回应的能力，这会引起个体产生强烈的焦虑。另一位心理学家奥托·兰克（Otto Rank）也认为，人类心中存在一种原始的恐惧，是来自面对"失去与更大整体的联结"时的焦虑，他认为"出生"就是生命恐惧的原型，是最初的创伤和分离。

分离所带来的焦虑，除了来自内在，也跟我们天生的大脑结构有关。

科学家为了证明我们天生渴望融入群体，进行了一场实验。他们让一群受试者躺在正子断层扫描仪（PET）中计算数学题目，每道数学题解题完成后，会让受试者有几秒的间隔停顿时间。科学家发现，在这几秒的间隔停顿时间中，大脑中负责处理人际议题的相关区域就会开始活化，而且，活化情形与大脑休息时间相同。

这说明人类的大脑在不需要执行特定任务的闲置情境下，一有机会就随时想到人际相关的议题，这是与生俱来的自动化反射系统。也就是说，大脑天生就预设为一个关心人际议题的网络，让我们能与其他人产生紧密的联结，借此提高生存机会。

也因此，当我们为了追求独立，不得不与他人分开或从团体中脱离时，就会产生极大的不舒适感，这是很正常的，也是所有人都要学习面对的人生课题。但有些人为了否认孤独所引发的不舒适，包括不想承担脱离群体而带来的各种个人风险、必须独自面对决定的责任与后果等，就会采用"融合"别人的方式来应对，借由"把他人整并为自己的一部分"，或者"将自己的责任归咎于他人"来寻求安全感，以消除内在的不舒适。

冠俊正是如此。

冠俊并不是因为欣赏嘉莹的优点而展开追求的，而是为了证明自己可以重新找回"世界以自己为中心打转"的优越感，才锁定了品学兼优、才貌双全的嘉莹作为目标，这样的起点，其实就已经是物化嘉莹的开始。

而在追求的过程中，冠俊和嘉莹的相处方式——创造出不期而遇的浪漫巧合，更充分显示出他强烈的控制欲与不安全感。为了达到目的，他可以不择手段，完全不考虑嘉莹的感受，这也预告了之后交往时出现的各种问题。

冠俊误以为恋爱就是要把对方绑在身边，当成自己的所有物才代表甜蜜。殊不知，他爱的其实不是对方，而是自己，他爱的是"对方可以随时满足自己"这件事。只要能达到"满足自己"的目的，对象是谁都无所谓。他把嘉莹"整合为自己的一部分"，并将无法满足自我需求的责任归咎给嘉莹，来消解内心的不平衡。

去人性化、剥夺他人价值的心态

冠俊将嘉莹当成附属品的"去人性化心态",为这段情感关系带来了毁灭性的伤害。

斯坦福监狱实验(the Stanford Prison Experiment)说明了去人性化带来的影响。

在这场实验中,年轻的男性参与者被随机分配为囚犯或狱警,为了模拟真实的监狱情境,扮演囚犯和狱警的人分别穿上囚服和制服,囚犯的名字以编号取代,而狱警则被赋予管理与惩罚囚犯的权力。

在权力不对等以及去除个体性的情境中,狱警开始不把囚犯当人来看,而是把他们当成丧尽天良的次等人或动物来看,因此,在实验过程中很快就出现了狱警虐待囚犯的行为。由于虐待的情形越来越严重,导致扮演囚犯的人陆续崩溃,因而让原本预定为期两周的实验,只执行了六天就提早结束。

实验主持人菲利普·津巴多(Philip Zimbardo)教授,在实验结束后,彻底检讨实验失控的关键之一,就在于实验情境中的去人性化——也就是剥夺个人存在的价值,将个人视为不具有与我们相同感觉、思想以及价值的"他者"。这导致了扮演狱警的参与者,对同是实验参与者的囚犯无情施虐。

为了进一步了解去人性化的影响，菲利普教授进行了另一项实验。他找来一群女大学生作为实验参与者，并告诉她们该实验是为了研究压力下的创意表现，因此需要使用电击去对另外两名受试者施压。这群参与者被分为两组：实验组的人，名字以编号取代，并穿上宽松的实验服掩饰外表；而对照组的人与实验组唯一的差异，就在于她们必须使用真实姓名。

两组参与者都被安置在单面镜背后的单人房间内，彼此没有任何互动。她们可以通过单面镜看到两名接受创意测试的女性和菲利普教授；其中一名女性被形容为和善，另外一名则被形容为不讨人喜欢。实验期间，这些参与者跟两名受试者以及实验主持人菲利普教授都没有过任何接触。

按照要求，只要有任何一名对照组的成员按下电击按钮，被电击的受试者就会展现痛苦的样子（但她们实际上并没有真的被电击）。但对照组可以自行决定是否要听从实验者的指示：主动进行电击；或不执行指示，只在一旁观察其他人进行电击。

为了让实验参与者们相信电击确实会造成伤害，实验前，每位参与者都会事先体验可以造成皮肉疼痛的75伏特电击。实验过程总共有二十道施测题目，她们可以自行决定是否进行电击，以及电击持续的时间。

实验结果显示，参与本次实验的所有实验参与者都按下了电击按钮。其中，实验组的电击次数是对照组的两倍，而且实验组对两位受试者的电击次数是一样的，电击时间也在不断增长，即使受试者扭曲身体、痛苦呻吟，她们依旧持续电击。而对照组则较少对被形容为和善的受试者进行持续电击。

菲利普教授认为，可以保持匿名的实验组，电击次数是非匿名对照组的两倍，且她们不论对喜欢或讨厌的受试者都进行了相同次数与强度的电击，表示这种匿名性改变了参与者的心态，让她们以更加去人性化的方式看待受试者，而受试者痛苦的反应，似乎让参与者的情绪更为高涨，因而不断持续电击。菲利普教授认为，这样的反应并非出于想伤害他人的残酷动机，而是因为参与者感受到自己对他人的支配和控制能力。

当我们处在可以匿名对他人做出攻击，而不需付出任何代价的情境时，我们会更容易去物化他人，无视对方的感受，而做出伤害他人的可怕行为；我们会失去理性与同理心，迷失在支配和控制他人的能力之中。这样的情境会让人误以为自己是万能的支配者。

正是因为冠俊这样的支配者心态，才会造成他后续一连串对嘉莹的伤害。

找到"合适"的物化对象

冠俊知道嘉莹温顺的个性，不会轻易向外界泄露两人在这段关系中发生的事情（匿名性），也不会对他的支配行为进行激烈的反抗或拒绝。冠俊不需对伤害嘉莹付出任何相应的代价，这强化了冠俊在这段关系中的各种侵略举动，让他以为自己是这段关系中不可违逆的太上皇，他理所当然地认为，因为他爱嘉莹，所以，嘉莹是他的所有物，一切都应该听他的，于是，他更加肆无忌惮地伤害嘉莹。

将嘉莹整合为自己一部分的冠俊，沉浸在支配与控制的权力感之中，将"人外有人的竞争压力感""自己表现不如预期的失落感"以及"没有人懂他的寂寞感、凄凉感"等，这些每个人在追求独立的过程中，必然要历练的感受与学习面对的问题，全都消融在他与嘉莹的黏腻关系中。他只要专心成为嘉莹的支配者，仿佛就能同时解决这些问题。嘉莹被他当成处理自己焦虑的工具，是个名副其实的附属品。

接纳别人与自己，避免把关系"工具化"

接纳自己的有限性

随着年龄的增长，每个人终将会离开家人遮风挡雨的羽翼，走进复杂的社会，面对独立过程必经的各种挫败与不如意。这些经历都提醒着我们个人的不足与渺小。如果我们无法接纳自己的有限性，诚实面对问题，并加以学习调整，很容易跟冠俊一样，为了逃避问题，将人际关系工具化，对彼此造成伤害。

冠俊错失了及早面对这些问题的机会，如果他在高中时期，就能诚实面对自己的局限性，学习接纳自己，就不会一直陷在第一名的旋涡中出不来，最终变得像刺猬那般自伤或伤人了。

接纳别人，别人跟自己一样需要被了解

每个人都需要被别人理解。如果冠俊能将焦点从自己身上移开，看见别人跟自己一样，有同样的感受和困惑，需要被了解，他就会明白，自己其实不需要，也不可能当永远的强者。然后重新调整自己的脚步，接受别人的关心，也主动去关心别人，他的视野自然就会打开，不至于看不见除了自

己之外的所有事物，而造成难以弥补的伤害。

→如果你渴求成为永远的第一名，成为感情上绝对的支配者……

＊认真努力可以让我们有机会成为学业成就（包含课业、运动、社团等）上的第一名，但要在学业成就上拔得头筹，还有天赋、机遇等无法完全人为操控的因素。

＊想通过强迫自己控制无法人为操控而获得的第一，是虐待自己。

＊很多学业成就以外的事情，无法计分，也无法排名。

＊要求自己对无法计分也无法排名的事情保持第一，是不合理的。就算取得了自封的第一，也不是真的，而是个人幻想。

＊无法善待自己、爱自己的人，也无法善待别人、爱别人。在这种状态下勉强进入爱情，对彼此都是伤害。

＊设立合理的目标，善待自己。

＊没有任何人可以支配另一个人，可以被支配的只有物品。

＊每个人都有自己的独特性，没有人愿意被别人无视。

＊想想自己被无视、伤害的感受。

＊承认错误，终止不健康的关系，停止对彼此的伤害。

→如果你遇到原本很浪漫，但实际上是"恐怖情人"的对象……

＊生活圈子不同的人，没有预期且频繁出现时，请保持警觉。

＊未经过允许的跟踪不是浪漫，而是不尊重的窥探。

＊不要轻易接受素不相识的人突如其来、莫名地献殷勤（如送夜宵、请吃早餐、站岗、生病时送热饮等）。

＊遇到的人要与家人和信任的朋友讨论。

＊明确表达自己的想法与感受。

＊若对方出现控制与暴力倾向，立即寻求帮助，渐进式拉开与"恐怖情人"的距离，终止关系。

＊遭受恐吓、威胁、暴力时，切勿自责，因为没有人有权这样对待你，你需要立即寻求警察、医疗专业人士的介入。

＊不要单独面对"恐怖情人"，寻找各种可以帮助自己的人。

进入一段关系前的思考练习

当你决定投入一段感情前，或已经进入一段感情后不久，可以好好想一想：

一、我对眼前的人认识多少？我欣赏对方什么地方？

二、我想跟对方在一起，是因为真的欣赏对方的本质，还是单纯想要获得恋爱的甜蜜感？

三、我们在一起时，氛围是感觉到自在、放松且互相尊重的，还是需要小心翼翼的？

四、在一起后，我们的生活满意度是怎么变化的？是越来越高，还是越来越低？

五、我们是否能大方地跟亲朋好友分享对方的事情？

六、当双方意见不同时，对方的反应是什么？我的反应是什么？我们是如何处理解决问题的？

通过这些问题，去了解双方是否准备好要进入亲密关系，并由此检查关系中的互动状态，同时提醒自己，恋爱是双向成长的起点，而不是互相伤害的终点。在关系中，我们可以是相爱的恋人，在关系外，我们也可以是各自独立的个体，没有人是另外一方的所有物。

02

因为你爱我，所以我是你的

用恋人证明自己的存在感

"你爱我吗？"季花问眼前的这个男人。

"我爱你，再也找不到像你这么好的女人了！"男人伸出手，温柔地抚摸季花的脸颊。

季花轻解衣衫，投入男人的怀里。

她决定奉献，包括自己的身体、金钱还有她所拥有的一切，因为她相信，这就是爱一个人的证明。

即便身边的人已经劝阻她不知多少次，她依然选择相信这些说爱她的男人，一再陷入同样的感情泥潭中。

到底是什么让季花永远看不清楚眼前的男人？

被爱才能证明自己的存在

缓解寂寞的心理支持

季花是电子商务公司的高级主管，工作能力强，办事效率高，在同事眼中，没有什么事情难得倒她，她是个十足的女强人。但季花的感情之路并不顺遂，总是遇人不淑，让旁人感到很纳闷。

季花目前的交往对象，是公司业务部门的保安。

保安是个皮肤白皙的花美男，从小就不喜欢念书，用能混就混的心态度过了学生时代，也没有培养任何一技之长。进入社会后，主要靠打零工维生。包括加油站的加油员、便利商店的短期店员、连锁餐饮店的服务生以及保险业务员等，每一个工作都干不长久，常常换工作，现在的工作已经是他今年的第六份工作，而且还在为期三个月的实习阶段。

季花在公司的新进人员会议上认识了保安，两人分属不同的部门，在工作上的交集不多，但保安在会议上的灿烂笑容却让她印象深刻，而保安也注意到年龄与他相仿，却年纪轻轻就当上主管的季花。

一次，季花下班后到公司附近的餐厅吃饭，正好遇到了保安。区别于公司其他员工总对季花保持着几分敬畏、礼貌点头后就离开的疏离感，保安倒是大方地走过去向季花打招呼，并询问能否一起用餐。季花起初感到惊讶，但她没有拒绝。

保安非常健谈，用一种老朋友的姿态跟季花闲聊。闲聊间，保安仿佛看穿了季花的寂寞心思，反复对季花担任主管职务的沉重压力表示理解，同时也不断称赞季花的外貌以及内涵。季花在保安的柔情攻势下瓦解了心防，两个人很快就在一起了。

三个月实习期满后，保安因为玩忽职守被公司开除，但保安却告诉季花是他自己主动离开的，还说他换了这么多工作就是为了增加历练，准备自行创业。许多同事知道两人交往后，都曾劝阻过季花，说保安是个油嘴滑舌的骗子，工作期间不但常无故旷工，还会假借公司名义骗取客户钱财，从事不当投资中饱私囊。但季花觉得同事都不懂保安的理想，她还是执意跟保安在一起。

离开公司后，保安开始以各种名义向季花借钱，一会儿说他需要创业资金，一会儿又说要去上管理课程提升自己的能力，或者要寻找优秀的合伙人……但事实上，他根本什么都没做，只是拿着季花的钱，过着无所事事的生活。

其实，季花也知道保安所讲的都是空话，也知道他常常会敷衍自己。但对她来说，这些都不重要，她不在乎保安是否事业有成，她在乎的是保安能不能理解她，为她提供心理支持，而这些保安都做到了。季花觉得保安懂她、看见她的认真，更重要的是，保安会赞美她、肯定她，而这些，正是从小失去母爱的她最渴望的。

在季花很小的时候，母亲就生病过世了，忙于工作的父亲，将季花轮流托付给不同的亲戚照顾，使她从小就有种寄人篱下的疏离感。她知道这些亲戚只是勉为其难地收留自己，他们根本不喜欢自己。因此，她从小就有种被抛弃的感觉，不知道自己的家在哪里。为了能够早点独立，不用看别人的脸色，她力争上游，很快就闯出自己的一片天。

保安的温柔给她一种家的归属感，而她也知道保安需要他，因此，她更不能弃他于不顾。同时，她也享受被保安需要的感觉，她觉得爱就是要包容对方，奉献自己的一切，不管是金钱还是身体，只要是对方所需要的，她都可以给。她深知被抛弃的痛苦，因此她绝对不可以抛弃保安。

填补焦虑的美好假象

对保安来说，他与季花交往的目的主要是钱，其次是性。但交往之后，他觉得季花是个无趣的女人，她只懂得工作，一点吸引力都没有；他也感受到，季花其实也不是真的爱他，而是需要他，毕竟，有谁会真的喜欢像他这样没用的人呢？他与季花其实只是各取所需，仅此而已。

金钱之外，保安在爱情中追求的是刺激的性。在跟季花交往的同时，他不断地上网去寻找性伴侣，这为他提供了源源不绝的新鲜感与刺激感。

保安对性的渴望大概是在他成年以后，搬离原生家庭的时候开始的。他是家中的长子，本来非常得宠，后来，在弟弟和妹妹出生之后，他被父母要求当一个好榜样。父母逼他要好好念书，但他对念书一向没有兴趣，再努力也完全没有成果，加上弟弟和妹妹各方面的表现远比他优秀，于是他索性放弃，家人也在这个时候彻底放弃了他，认为他不仅不能成为榜样，还做出了不好的示范，令家族蒙羞。

保安觉得自己在家人眼中就是个废物，于是决定在成年后就搬出去独自生活。一方面他不想承受家人的冷嘲热讽，也不想成为家人的负担；另一方面，他也觉得家人讲得没错，相较于弟弟和妹妹，自己就是个废物，不但懒散、没用，而且还一事无成。每当独处时，他就会有种莫名的焦虑，后来，他发现性可以有效地舒缓焦虑，于是，他便开始上网到处寻找宣泄出口。

但事实上，他过得并不快乐。他内心深处知道季花是个很好的对象，觉得自己配不上她，害怕季花会看不起他，于是，他不断创造出虚幻浮夸的未来前景欺骗季花。而季花也害怕保安不再需要她，不敢戳破美好的假象，不敢坦诚地和保安讨论关系中所面临的问题。最后，两人的关系在保安得了严重的性病后，以分手告终。

季花继续寻找下一个需要她照顾的男人；而保安在身体康复后，也继续寻找下一个能满足他欲望、缓解他焦虑的女性。

用美好的幻觉，弥补过去真实的痛苦

因支持与被支持而获得愉悦

被爱是所有人都渴望的，被爱不但让人感觉愉悦，也能舒缓外在压力造成的痛苦。

为了了解恋爱中的情侣在面对生活挫折时，情感支持对个人身心的影响力，科学家找来了恋爱中的情侣进行实验。

当科学家对情侣中的女性施加痛苦刺激时，让她看着男朋友的照片或者握着男朋友的手，痛苦都会减少，而看着照片减少痛苦的效果是握手的两倍。这说明情感支持不只是抽象的内心感受，更对我们的生理运作产生实质的影响力，而且光是看到对方照片产生的效力，就能够明显减缓痛苦。

为了更深入地了解提供情感支持者的身心变化，科学家做了另一个实验。科学家让情侣中的女性躺在核磁共振扫描仪（MRI）里，并让她们的男朋友待在扫描仪外面。当男朋友遭受电击时，如果女朋友能够握住对方的手并提供情感支持（相较于只是单纯握住一颗球），她大脑中的奖赏系统就会启动，让她们在为男朋友提供支持的同时，获得满足感。

这两个实验证明，在恋爱中，不管是提供情感支持的一方，还是接收到支持的一方，都会获得身心上的满足，这也是恋爱的美好与令人着迷之处。

除此之外，恋爱中的浪漫也会令寂寞不安的"我"消失在"我们"之中，降低我们对生活压力或挫折的觉察度，觉察度下降时，会带来欣慰愉悦的感受，就如同哲学家克尔凯戈尔所说的，每增加一分的觉察，就会等比例地增加绝望——越有意识就会越绝望。

因此，爱情从一定程度上来说，会借由消除自我觉察，进一步为我们带走生活上的不安，减少来自四面八方的压力。对有些人来说，爱情，确实是一种麻痹生活挫折的有效工具。

用甜言蜜语逃避现实的困境

甜言蜜语的魔力，让季花无法自拔。

对这种魔力的需要，根植于我们的大脑中。

科学家通过核磁共振成像仪等大脑扫描仪器发现，我们的大脑天生渴望别人的正向情感反馈。

为了了解正向情感反馈在人类大脑引起的变化，科学家让受试者躺在核磁共振成像仪里，让他们阅读亲朋好友写给他们的信。其中一封信的内容是单纯陈述事实的中性刺激（例如陈述受试者头发的颜色），另外一封信的内容则是流露情感的正向刺激（例如写着"你是我身边唯一一个关心我胜过关心你自己的人"）。

当受试者阅读流露正向情感的信件时，会活化大脑中负责奖赏的"腹侧纹状体"（Ventral striatal），该区域充满了多巴胺（dopamine）受体，因此让我们产生愉悦满足的感觉，非常类似于吃了最喜欢的冰激凌在大脑中引发的生理变化。

而当科学家要让这些受试者出价购买这些有正向内容的信件时，有很高比例的受试者为了看看这些充满正向情感的文字，愿意退还参加研究所获得的所有酬劳。研究者认为，对个人来说，知道自己受人喜爱所获得的满足感，可能跟金钱带来的满足感同等强大。

这证实了甜言蜜语对恋爱中的人所带来的正向生理感受，等同于吃了喜爱的食物或物质上的实质获利所带来的幸福感，这会掩盖我们在现实环境中对压力与挫折的觉察，并成为我们逃避困境的工具。这也是为什么很多像季花一样的女性，明知对方谎话连篇，只是把自己当成宿主，是吸取自己的养分和健康的寄生虫，却还是不愿逃离。

季花借由与保安的恋情，来逃离童年的不愉快与现实的

关系物化

工作压力，即使她知道保安只是为了钱欺骗自己的感情，依然不愿从这段恋情中抽身。事实上，这已经不是季花第一次遇到这种男朋友了，她之前交往过的对象，都跟保安很相似。这类男性的甜言蜜语，对季花来说就像是一种解药，将她从童年的不愉快与现实生活的压力中解救出来。

把人当成提供刺激、转移问题的工具

对于保安来说，季花只不过是供他发泄性欲的工具。或者说，女性对他来说，都是工具。他接近这些女性，其实只是想利用她们获得刺激的感觉，借此转移自己在生活中遇到的问题以及他对自己的恨意，顺便不劳而获，从她们手中获得生活所需的金钱。

保安把接近对方与利用对方的整个过程，视为理所当然，完全没有觉得这些行为会对他人以及自己带来灾难和伤害。

追寻真正的爱情，而不是追寻麻药或解药

认清眼前的是自己创造的幻象

每个人都有自己的困境需要面对，例如季花从小被抛弃、

缺乏归属感的痛苦和保安一事无成的挫败感，但在媒体、戏剧与网络的推波助澜下，许多人误以为爱情是万能药，因此在面对困境与焦虑时，都习惯把爱情当作麻痹问题的解药。即使这个解药可以产生暂时舒缓的功效，但我们内心深处会知道，其实问题并没有得到解决。当我们将恋人当作麻药而投身爱情中时，其实，并不是真的在跟对方建立关系，而是在跟自己创造的幻象互动，并从这幻象中获得抚慰。

当下的牺牲已无法弥补过去的内在小孩

季花以为自己会从恋情中获得童年所欠缺的赞赏、肯定以及归属感，实际上，不过是迷失在保安虚伪褒奖所引起的大脑的生理变化中而已。除非她直面自己已经过去的童年，并认清她儿时所欠缺的感受再也回不来了，然后，学会接纳这些失落感。那样，当她转身看见自己，肯定自己的努力，欣赏自己的成就，并放弃将爱情当作处理失落的工具时，她才有脱离以不断牺牲自己成为宿主，从而换得归属感的循环模式。

倾听内在焦虑

至于保安，则是需要回到内心，倾听自己内心真实的声音，并停止那些会让自己继续感到羞辱的自暴自弃，以及停止将女性视为提供金钱与满足性欲的贩卖机。他必须正视自己的焦虑，重新学习面对现实问题的能力，学习放弃将爱情作为寄生别人的工具，从而走出这种毁人还自毁的循环模式。

　　→如果你总是通过不断寻求被爱，来逃离寂寞的深渊……

　　＊寂寞、失落是存在的一部分，每个人都必然会经历。

　　＊允许自己经历低潮，并接纳这些不好的感受。

　　＊肯定自己的努力，对自己好一点。

　　＊认清过去无法改变，但是未来可以改变，将心力放在"把自己的未来过好"。

　　＊将爱情当成逃避的工具时，你爱的并非对方，而是对方所提供的功能。

　　＊以逃避为前提的工具化关系，将吸引同样将你当作工具的对象。

　　＊多询问亲朋好友的意见，认清交往对象的真实样貌，不要急着投入金钱与性爱。

　　＊交往是为了让彼此过得更好，而不是为了麻痹寂寞。

　　＊常与对方沟通，讨论彼此真实的想法与感受。

　　＊单身不一定代表寂寞，你可以从单身中找出过得自在、

安好的方式。

→如果你经常通过恋爱或性爱，来逃避焦虑的黑洞……

＊没有真诚的恋爱与性爱，将对彼此造成身心的严重伤害。

＊立场互换，想想被人当成玩物的感受。

＊审视这些行为对自我造成的负面观感。

＊正视这些行为对另一方造成的伤害。

＊诚实面对自己曾做过的这些自暴自弃、自我羞辱、践踏别人的行为。

＊停止这些行为与伤害。

＊审视自己与原生家庭的关系、焦虑的根源。

＊思考如何改变与调整并加以行动。

＊必要时寻求心理医生的专业协助。

当关系出现问题的思考练习

我们都不喜欢焦虑引发的紧张感，但焦虑其实是最好的向导，它可以引领我们走进个人问题的核心，因此当关系出现问题时，我们要回到内心，好好思考以下问题：

一、在恋爱中，最常重复上演的情节与出现的问题是什么？我的恋爱模式是什么？

二、在恋爱中，我主要扮演的是什么角色？对方扮演的是什么角色？两个角色如何互动？对关系产生了什么影响？

三、我有没有哪些问题是在恋爱时会消失，但没恋爱时会出现的？我都是怎么处理这些问题的？

四、我的恋人让我想到哪些过去生活经验中曾出现的人或事或物？我有没有把恋人当成某些人过去式的替代品？

五、我有没有在明知与对方不适合，甚至在一起只会互相伤害的前提下，双方却依然分不开的情况？这情况显示出我自己内外在的哪些问题？

六、有没有哪些问题是我没有办法处理，一定要由我的恋人才可以处理的？我有没有把恋人当成逃避处理这些问题的工具？如何主动培养独自处理这些问题的能力？

恋爱无法处理个人原生家庭的伤痛，这些问题也许会在恋爱中暂时被掩盖住，但不会被根治。如果我们非得要通过恋爱中的"我们"才能感觉到自己的完整，就得好好审视，我们是不是不自觉地将对方当成逃避个人问题的工具？我们是不是没有把对方当成是跟我们一样有相同情绪感受的人，而是把对方当成一个具有某种利用价值，或提供给我们想要的某种功能的"东西"？如果是这样，那在恋爱中，这种情况也就在所难免了：恋爱双方其实都只是在关注自己，跟自己的需要谈恋爱而已。

03

伴侣只是条件化的商品

用恋人展现自己的价值

志铭认为，伴侣就像商品一样，要精挑细选，货比三家，才能找到上品。

而要确认质量，最重要的就是要经过试用。用过才知好坏。

他列出理想情人的条件清单，到处寻找、试用及核对，最后，他终于找到了满意的对象，步入婚姻。然而，他的婚姻却维系不到一年就结束了。

是什么让这段看似人人称羡的天作之合如此短暂？

定制提升个人价值的"理想伴侣"

称斤论两、锱铢必较的择偶过程

志铭可以说是符合社会主流标准的"理想伴侣"了，有着英俊挺拔的外表，丰厚的收入，以及显赫的家世。他就像只猎艳的花蝴蝶，游走在爱情世界中，身边的伴侣换了又换，从来没有断过。虽然他的身边已经有众多可供他选择的对象，但他仍旧不停地参加各式各样的联谊，也央求亲朋好友介绍对象给他。

志铭认为，婚姻是终身大事，只有谨慎地挑选，才能确保婚后的家庭幸福。在没有结婚之前，同时认识多一点的对象，才能有效率地从中选择最好、最适合自己的人。他认为自己的条件这么好，绝对不能找一个各方面条件比自己差的，否则太吃亏了。一定要找一个能够为自己及生活全面加分，可以提升个人价值的伴侣。除此之外，伴侣一定也要懂得他是个多么优秀的人，伴侣要足够崇拜他，相信能和他在一起是多么幸运的事情。

　　这种要求完美伴侣背后的心态，出自一种上对下的自恋性格。由于志铭从小到大在各方面都表现卓越，获得了来自父母、亲友、老师及同事的许多褒奖，因此他非常享受众人的赞许与掌声，觉得自己非常优秀，比身边多数的人都要杰出，这样的优越感延续到感情上，变成了一种完全以自我为中心的物化思维，选择伴侣对他来说，就跟选择商品一样，最重要的考量就是对方能否提升自己的价值。

　　多年的情场驰骋，阅人无数的志铭终于找到了他觉得有八十分的对象——一位年轻、貌美、健康、任职于家族企业的千金小姐。身体状况符合他优生学的理念，女方的经济状况可以维持他婚后对高质量生活的期待，硕士学历、有个人想法等，也满足他"理想伴侣"条件清单上的标准。虽然不是百分之百满意，但他觉得应该是适合的对象了。

于是，他结婚了。

但婚后的生活却没能达到志铭的预期。他发现，妻子意见很多，不懂得倾听，例如他认为家务事该由女性负责，妻子却希望可以共同分担；他希望妻子婚前买的房子，在婚后可以变更为两人共同持有，或是卖掉改买离他工作地点较近的房子，妻子却不愿意；他认为生活费应该要列出每一笔款项，然后两个人均分，但妻子认为只要讨论好谁负责支出哪一项费用，有困难时再互相支援就好，志铭却总觉得他支出的费用多过妻子；他认为妻子即使在家中还是要保持优雅，不该穿着邋遢，回家以后要能跟他讨论专业的话题，或给他提供工作上的建议，但妻子却认为回家就是要放松，不用那么拘谨，也不想一直谈论严肃的议题……

志铭觉得妻子事事斤斤计较，不够重视他，甚至不把他当成家人。因为如果是家人，应该会接受他的意见，也会在乎他的感受，而妻子却只在意自己，根本没理解到她是多么幸运，能和自己这样优秀的人结婚。他觉得妻子不懂得珍惜。

因此自结婚以来，志铭过得郁郁寡欢，他觉得妻子跟他原本的想象落差太大了，这段婚姻就像牢笼一样困住了他，妨碍了他美好的人生。

不到一年，志铭就决定离婚了。

离婚后，他隐瞒自己离过婚的事实，继续寻找符合他"理想伴侣"条件清单的女性。他每天"乱枪打鸟"，或搭讪好几个他认为适合的对象。这个过程让志铭重新找回自己的优越感，他感觉自己又活过来了，从那段不被妻子重视的失败婚姻中重新活过来了。他非常享受挑选别人的过程，也从上一段婚姻中认识到，除非找到百分之百的完美情人，否则，他绝不轻易步入长久的伴侣关系，更不用说结婚了。

小心翼翼、百般呵护的交往历程

心瑀就是在这个时间点认识志铭的。

心瑀也有自己"理想伴侣"的条件清单，但她的清单很简单，她只希望对方温柔、幽默、愿意花时间陪自己。志铭完全符合这些条件，因此，她很快就陷入了情网。她觉得志铭非常温柔贴心，仿佛一眼就能看穿她的心事。

然而，志铭的行踪经常飘忽不定，心瑀也隐约察觉出来，志铭似乎有其他的对象，但她不敢多问，害怕细究后，会破坏这来之不易的美好。她不想再回到自己一个人吃饭、逛街、看电影的孤单生活，她想要自己寂寞时可以有人陪，因此，她的内心虽然纠结不安，却始终不肯打破她与志铭的现状和关系。直到她越来越难找到志铭，过得越来越痛苦。

在几个闺蜜的鼓励下，心瑀试着跟志铭说出自己内心的感受，讨论关于将来的规划。但她却发现志铭越来越容易不耐烦，总是虚与委蛇，后来甚至彻底人间蒸发。

其实，心瑀的闺蜜很早就发现志铭不太对劲了，劝心瑀不要投入太多，但心瑀坚信志铭和自己是真爱，全心全意地对待志铭，最后，她深陷情伤之中。

情伤中的心瑀反复思量，为何她处处以志铭为主、迁就志铭，付出了很多的时间和精力，却是真心换绝情？她无法理解，自己究竟做错了什么，志铭要这样对她？

心瑀没有留意到的是，其实，志铭一开始就是这样对她的。志铭曾说过，自己不想那么快定下来，他没有办法给出任何承诺，现阶段只想过得快乐就好，将来的事情等到将来再说。因此从一开始，心瑀就压抑着内心的不安，说服自己不要想那么多，忽略自己的感受。她以为，只要顺着志铭的意思，让志铭感受到相处的愉快，就可以把志铭留在自己的身边了。

心瑀在先前的恋爱经验中学到，不要有太多自己的想法，否则很容易产生冲突，导致对方的反感。没想到，这段恋情在她小心翼翼、百般呵护下，还是被迫结束，她因此而深陷分手的痛苦中，久久不能自已。

表面的完美，究竟是理想还是幻想

打动我们的是"感觉"，还是对方的"本质"

每个人都会有自己"理想伴侣"的样貌，不管是对外表或品行的期待、对家世背景的要求，还是工作性质与薪资条件等，都是评估对方是否为"理想伴侣"的常见标准。当某个符合部分期待的对象靠近时，可能就会让我们怦然心动。

当心动的感觉产生时，其实就要小心了。要小心地检视，自己究竟对眼前这个人了解多少？是因为真的了解对方，欣赏对方的各项独特性而动心？还是因为这个人满足了我们从外界（电视、电影或网络）吸收的"伴侣"定义？满足了我们"理想伴侣"的条件清单？

当决定要一头栽进爱情里时，更要问问自己的内心：我是真的喜欢这个人，还是喜欢"恋爱"能够提供的某种功能？我是为了有人陪、享受甜蜜感、享受被追求或被呵护的感觉，还是对方的本质真的打动了我？

理想的伴侣，就是要满足个人需求吗

志铭婚前用以自我为中心的物化思维审视伴侣，到了婚后还是一样。他理所当然地认为妻子应该多考虑他的感受、更应该要处处以他为主，完全没想过妻子跟他一样，是个有喜怒哀乐的独立个体，他期待妻子照顾自己的需求，却忽略了妻子也有自己的需求要被照顾，他纯粹以思考物品价值的方式，来思考妻子和婚姻对他的价值。

当人们开始思考与人无关的非社会事物时，大脑中负责与人有关的社会性思维区域就会被抑制。因为大脑中处理非社会思维的神经网络系统，与主管社会思维的神经网络系统是不同的。两者在运作时互有冲突，就像神经跷跷板的两端，其中一端的活化，会降低另一端的活性，这样的对立可能让个人专注在非社会性问题时，能够提高效率，却也可能妨碍了我们思考时对人性需求的关注。

志铭关闭了他大脑中负责思考与人有关的社会性思维系统，完全以非社会思维的模式——将人当成物品而非带有情感的生命体——去审核妻子以及婚姻的可利用价值。这样的模式充满理性，却也无情，根本不把眼前人的感受当一回事。

志铭唯一在乎的是，对方能不能成为提高他个人能力、生活质量，并为他养育出优秀下一代的工具。他想要的是一

种能够提供他所需功能的"现成关系"，但忽略了真正的关系是从两人互动中慢慢"养成"的。关系就像孕育生命一样，是个充满一定程度未知的动态发展过程，而不是像被制成的商品一样，是固定的、静止的，是一种无生命且完全成形的物体。

理想的伴侣，就是要满足的对方的需求吗

心瑀把自己放在了一个取悦志铭的物品的位置上，允许志铭随心所欲地处理这段关系，最后也得到物品般的对待——用完就扔。但换个角度来看，在一定程度上，她其实也把志铭当成一种提供陪伴功能的物品，因为她没有把志铭的想法纳入经营关系的考量，而只是因为害怕冲突而逃避沟通，维持着表面上的亲密。

或许是害怕再度被抛弃、害怕再度被孤单寂寞淹没的各种焦虑感混杂在一起，让心瑀与志铭一样，选择关闭了与人性有关的社会思维，说服自己不必去在意对方游戏人间的态度，以免失去了一个符合自己需求，同时也符合社会主流价值的"理想伴侣"，那就太过可惜了。

"理想伴侣"不是既存的，而是养成的

重视关系中的双向性

双向交流是关系中最重要的，不管是志铭还是心瑀，他们都忽略了这一点。

当我们只在意对方能否提供某种我们需要的功能（志铭需要能提升生活质量功能的对象，心瑀则需要能够提供陪伴功能的对象），就会容易将其他人视为某种性质固定、逐渐折旧的物品，而忽略了真正真诚的关系是互相的这一点。

如同哲学家布伯所说，两个人会在关系中重新创造自己，"我"会因为关系中与"你"的交往而改变，"你"也会因为与"我"的互动而有所不同。也因此，真实的关系是要适度放下对他人符合自己要求的期待，认真地倾听对方，让自己能在他人的回应中不断调整。

这样有来有往的双向成长，才能让关系中的两人彼此滋养，而不是陷入一种商品功能终将用尽而不断消耗彼此的状态。

跳脱物化伴侣的思维

每个人当然都可以有"理想伴侣"的标准，但需要注意的是，这些标准不能纯粹以让自己受益的物化思维来建立，我们只用审视商品的角度去检视另一个人是否符合自己的清单标准，而不考虑对方的感受、想法及回应，从而抹杀了两个人讨论或合作可以创造的可能性，最后必然也要承受别人用相同的标准来衡量自己，而这样的关系是具有伤害性的，也很难长久维持。

→如果你经常在检验对方是否符合理想清单的每一项，并过分放大不符合的项目……

＊请先给亲朋好友看一看你是否符合理想清单的每一项。

＊每个人都是独立的个体，有自己的想法和感受，不是任何人的附属品。

＊所有人都跟你一样特别。

＊没有人应该永远牺牲自己，成就对方。

＊关系是互相尊重的，要尽可能地讨论出彼此都能接受的共识。

＊在审视别人前，先检讨自己这种"总是先检讨别人"的心态以及行为。

＊想想被检讨时受伤的感受。

＊停止伤害别人的行为。

＊正视自己存在的问题。

→如果你常常委曲求全、讨好对方，又怕坦白沟通会破坏现有的关系……

＊无法表达自己真实感受的不对等关系无法长久。

＊不断牺牲自己，既无法维系关系，也会伤害自己。

＊适时地表达自己的想法与感受，例如心瑀可以坦诚地与志铭讨论："我很珍惜相处的时光，也很想与你分享心情，但常常联络不到你，也很少听你聊到自己的事情。我内心感到很不安，不知你怎么看待我们的关系。你愿意一起努力，找出问题，调整彼此，让关系一直走下去吗？"

＊当对方不尊重、不予回应、不珍惜这段关系时，不要任由对方伤害自己，要勇于结束这段关系。

＊寻求亲朋好友的支持。

寻找理想情人的思考练习

当我们建立理想伴侣的标准时，要先想一想：

一、这些标准是怎么来的？（根据自己、他人的经验，或是戏剧里演的。）

二、这些标准对关系的影响是什么？

三、当情人知道自己被用这些标准审视时，会有什么感受？

四、符合这些标准的人，对关系的期待可能会是什么？

五、我认为关系中最重要的是什么？

六、我符合这些清单标准中的哪些部分？

七、当对方也用自己清单上的标准来期待或要求我时，我的感受是什么？

八、我渴望从关系中获得什么？对方渴望从关系中获得什么？我们对关系的共识是什么？

借由这些反思的过程，提醒自己，伴侣不该被当成商品，伴侣跟我们一样，是有血有肉、有喜怒哀乐的独立个体；关系不该被当成一种纯粹让我们勾选是否符合条件、单向满足我们需求的商品，关系是一种类似生命发展的过程，一种"我"眼中有"你"，"你"眼中有"我"，互相投入、互相改变、重新创造彼此的过程。

II

人际与职场关系的物化

在日常的人际、团体与职场中，

人们都渴望受到重视和提拔，

因此极力争取表现，只求一个被上司看见的机会。

然而，这些场合却不乏一些刺耳的声音——

我这么优秀，你凭什么跟我平起平坐？

我这么照顾你，你怎么可以不听我的？

这些现实的践踏，让每一次的互动都只剩下伤害……

虽然优势、专业、级别不同，但我们都一样独特；

没有谁在谁之下，我们彼此照顾，互相支援；

我希望你认为我值得信任，我也相信你值得信任。

没有称斤论两的利益，才能为关系带来助力。

04

我这么优秀，
你凭什么跟我平起平坐

用排挤争取众人的目光

众人眼中的暖男恩知，接通多年好友明懿的电话时，却用一种比对陌生人还冷酷的语气说："我本来就没有提供资料给你的义务。"没等对方讲完话，他就直接挂了电话。

他心想："室友又怎样，同学又怎样，认识多年又怎样，别自以为跟我很熟，我从来就没把你当朋友，你这讨人厌的家伙！"

是什么让这段旁人眼中难得的深厚友谊，变成了仇恨与敌意？

追求不凡，却无法接受他人也同样不凡

舞台上的惺惺相惜

恩知从小到大，无论在课业、社团还是运动各方面都独占鳌头，是典型的风云人物，进入大学后，他更是永远的第一名，众人的赞赏对他来说早已习以为常。早在正式入学前，他就以"明星高中"榜首的身份接受新闻专访，许多同学在开学前，就已经在媒体上认识了恩知。进入大学后，他认为没有人能在专业或任何层面超越他、威胁他，唯独明懿是他

无法掌握的变数。

　　相较于恩知，明懿从小表现普通，没有任何过人的耀眼之处，所念高中也很普通，却以黑马的姿态考进了一所"明星大学"。上了大学后，明懿也维持着低调沉稳的个性，经常独来独往，各方面也都表现平平。但他在关键时刻，却常常有惊人的表现，例如在号称"当铺大刀"的教授课程上，不但以远快于及格标准的时间完成教授指定的困难作业，更获得从不称赞学生的"大刀教授"的赞赏；他也曾在哲学思辨的课程上，提出前所未有的独特见解，让包括教授在内的所有人都为之震撼。这样的明懿虽然不爱出风头，但在班上依然受欢迎，是许多同学言谈间称赞的对象，有问题也争相拜托明懿帮忙。

　　恩知非常嫉妒明懿，这个普通高中毕业的室友，凭什么抢了他的风头？偏偏两人又被分在同一间寝室，成为室友，而且还同班，不想见到他都难。在意个人形象的恩知，即使心里对明懿有诸多不满，却依然装出非常欣赏明懿的样子，让众人以为他们是无话不谈的好朋友，这种英雄惜英雄的画面，更让外界对两人的组合有极高的评价。

舞台之下的明枪暗箭

事实上，恩知常常在心里盘算如何排挤明懿：用各种方式干扰明懿早睡早起的作息、在背后说明懿的坏话、将困难的报告章节分给他等。

反观明懿，他把恩知当成自己的好朋友，对恩知或明或暗的排挤行为毫无防备，也全然不介意，他认为恩知就是个勤奋、优秀、有主见的好同学、好室友，也是他最要好的朋友，那些不利于他的传言，他只当成同学间的玩笑，一点儿都没放在心上。

毕业前，恩知提早拿到了难度极高的专业证书，又面试成功获得知名公司就职的机会，成了班上第一个还没毕业就获得专业证书以及工作机会的人，为此，他感到非常得意。他主动在没有邀请明懿的系里聚会上宣布这个好消息。而明懿在事后好一阵子才从其他同学那边得知这个消息。

"恩知！恭喜你呀！"得知消息的第一时间，明懿当面向恩知表示恭贺，他觉得恩知的表现实至名归，也真心地祝福他。

"嗯嗯，谢谢！"恩知露出灿烂的笑容，若无其事地回应。他心里非常痛快，因为此刻，他借着让明懿成为最后一个知情的人，再一次成功地排挤了明懿，享受众人敬仰的目光；

更重要的是，他终于把明懿远远甩在后头，让他望尘莫及了。

隔了一年，明懿在准备专业证书与工作的考试时，打了个电话给恩知，想要询问他手边是否有相关的资料可供参考。恩知告诉明懿，他当年是在完全没有任何准备的状态下应考的，全靠平时点滴累积而成的实力，因此，他没有任何资料可以提供给明懿，只给了明懿一张他个人引以为傲的简历，说他是凭这些资历受到青睐的。事实上，他只是想通过这张简历，炫耀自己有多么优秀，让明懿知道自己远不如他。

同一时间，恩知却为班上其他同学以及学弟学妹们举办了专业考证与求职面试的免费讲座，提供了许多他自己收集的考题、资料及私人笔记，并大方地公开自己的备考秘诀，告诉大家可以免费打印笔记，不用担心版权问题，获得了众人的赞赏，知名度大增。没过多久，许多学校、相关机构争相邀请他演讲相关主题，他也开始开办收费补习班，名利双收。

这些事情，明懿是事后才知道的。明懿打了一个电话给恩知，询问为何当年他说手边没有任何资料能够提供，恩知只是冷冷地回应："反正你后来也考上了，况且，我本来就没有提供资料给你的义务。"讲完之后，不等明懿回应，就迅速挂掉了电话。

在事件过后的同学会上，恩知依然表现得若无其事，热情主动地和明懿攀谈，营造出两人交情匪浅的假象，但仍时常在背后讲明懿的坏话，趁机排挤他。

认识多年，明懿其实或多或少察觉到了恩知的恶意，但他本着朋友互相包容的心态，始终不以为意，直到准备考试的事情，他这才明白恩知其实完全不把自己当朋友，只是想利用自己塑造在众人面前的好形象，获得众人的目光，最后，他决定断开这自欺欺人的友谊，不再与恩知往来。

把他人当成吸引目光的绊脚石或垫脚石

对非凡的过分渴望

我们都希望自己独一无二、无可取代，拥有与众不同的特殊价值，这能让个人充满能量和自信。然而，从基本的生物观点来看，其实所有人都一样，无论出身于什么家世背景、从事什么职业、如何天赋异禀，都逃不过生老病死，最终尘封大地的结局。

从这个角度来看，我们其实和其他人没有什么不同。只是个人会在潜意识里，拒绝承认自己跟他人一样平凡，因为多数人在没有自理能力的婴儿时期，父母会细心地照料我们。肚子饿了，自然会有食物送上门；感觉冷了，自然就会有衣物添加在身上；不舒服时，就会有人抱起我们安抚。这些经历，会让人误以为自己是世界运转的中心，这种自我中心感，会留存在潜意识的深处，延续一生。一旦承认自身的平凡，就会产生一种隐隐的毁灭感。因此，人终其一生，都在"追求自己的卓越不凡"与"接受自己跟他人同样平凡"的冲突中，努力找到平衡点。

但对某些人来说，承认自己跟他人有共通的平凡之处，等同世界末日。因此，凡是可能胜过自己的人，对他们来说都是威胁，如果不加以贬低或打压，自身的优越性就会受到严重危害，毁灭也将随之而来。

恩知正是如此。为了证明自己的非凡，他需要在人群中不断寻找可以被他贬低的对象，来突显自己。对他来说，贬低别人，就是让自己变得更高的方法，他忽视了明懿作为一个人的主体性，在他眼中，明懿只是绊脚石或垫脚石那样的存在罢了。

把他人的赞赏当成养分

在遇到明懿之前，恩知接收了来自他人大量的正面肯定，他吸收了这些信息后，将之转化成极高的自我评价，构筑出唯我独尊的世界观；而明懿的出现，动摇了恩知的唯我独尊，削弱了他的独特性，以及让他赖以为生的养分——各方的赞誉，硬生生遭到瓜分，威胁了他的内在自我。

自我这个私密的内在宝箱，看似仅仅拥有开启权限的个人才能接触得到，但实际上，外界对这宝箱具有强烈的穿透力。我们看待自我的方式，常常是由别人的反馈累积而来的。换言之，我们常不自觉地将"别人怎么看待我"，视为"我怎么看待自己"。科学家的研究证明了这一点。

为了了解个人的自我评估是如何运作的，科学家找来一群青少年与成人参与研究。结果发现，当青少年在思考"自己是个怎样的人"时，大脑内侧前额叶皮质与颞顶交界区的心智系统有强烈的活化情形，而这些区域通常是成人在思考"别人认为我是个怎样的人"时才会强烈活化的区域。

这个结果说明，当青少年在思考"自己是个怎样的人"时，其实是在想"别人认为我是怎样的人"，换言之，青少年的自我评价，其实是由别人的评价组成的，相较于成人，青少年对自己的观感，主要建立在别人对他的观感上。因此往往会想从别人身上获得对自己的认可，而要得到别人认可最简单的方式，就是通过竞争、比较。只要能在团体中赢过别人，就能获得关注，从中吸取自信的养分，进而奠定个人在成年时期对自我正面的稳定看法。

　　恩知的自我概念就是这样形成的。青少年时期的他，是同僚竞争中的常胜将军，惯于独占周边人的赞赏，因此，当明懿分走他习以为常的掌声，而威胁到他个人的独特性时，他便对明懿产生了强烈的敌意。为了保护内在自我的养分来源，恩知展开了攻击。只要是可能会掩盖他锋芒、抢走他风头的人，都是敌人，都是攻击的对象。

　　心理学家兰克曾说："自我的死亡恐惧会因杀戮、牺牲别人而减轻；通过别人的死亡使自己免于垂死的刑罚。"

　　恩知正是通过攻击明懿，来逃避自身的焦虑，拒绝承认自己无法永远都是第一的事实。将他人视为只能屈居自己脚下、成就自己的工具，即使走了一个明懿，还会有下一个明懿。只要他无法接受自己的局限，终其一生，恩知都会将身边能力比他优越的人视为威胁而进行攻击，而能力不如他的人，则将被视为舞台下为他贡献掌声、供他吸取能量的工具、炫耀的资本；他将一直活在追求被崇拜的束缚之中，无法真正看见他人，耗尽心力在虚伪的人际交往之中而难以察觉，忘了自己在本质上与他人其实没有什么不同。

社交排挤犹如受到实质性的生理伤害

恩知的排挤手段很"高明"，表面上装作与明懿是好朋友，融入明懿的生活圈，实际上一方面是为了展现自己的大方，另一方面是要在取得更多人的信任后，趁机破坏明懿的形象，让众人疏远他而亲近自己。恩知在明懿背后对共同朋友隐微的耳语，既非严厉苛责羞辱，也非肢体冲突霸凌，看似无足轻重，却造成了重大的伤害，这伤害对他人来说，等同于实质的生理伤害。

科学家的虚拟掷球研究证实了这一点。

科学家找来研究参与者，让他们躺在功能性磁共振成像扫描仪中，和另外两位虚拟数字化身玩互相掷球的游戏，参与者并不知道和他玩球的是虚拟化身，以为他们都是参与实验的真人。科学家告诉参与者，这项研究想要了解的是大脑在执行像是丢球这种简单行动时，是如何协调的，而非该实验真正的研究目的——观察大脑在遭到排斥时的反应。

参与者和两位虚拟化身玩了几分钟的丢球游戏后，突然发现到没有人再丢球给他，接着，就被研究者带到别的场地访谈。参与者谈到在扫描仪中被排斥的感受时，表示非常愤怒与伤心。科学家事后分析扫描仪得出的数据后发现，当参与者因为被排斥而感到的社交焦虑越高，大脑中的背侧扣带皮质活化度也会跟着升高，而这个结果，与研究生理痛苦的实验结果相同。也就是说，被排挤的不舒服感在大脑中引起的效应，和生理痛苦感受引起的效应相同，都会活化背侧扣带皮质。对大脑来说，社交上被排挤就如同生理上实质受到伤害一样。

其实一直以来，明懿多少都感受到了恩知的排挤，但为了维持团体的和谐，他不在乎恩知的贬低，以求被恩知主导的团体所接纳，不断扮演恩知的垫脚石，成为他在团体中抬高自己身价的工具。然而，他的牺牲并未换来恩知的反省，只是让恩知食髓知味、得寸进尺，最后，他受到了严重的伤害。

贬低他人，不会让自己变得更高

认清每个人都同样独特，贬低别人并不会使自己变得优秀

每个人都希望自己是独一无二的，也都希望得到别人的认可，而当这样的欲望变得过度强烈时，便会不自觉地想要贬低他人来获得关注，或是想要借助他人的好形象来获得更

多人关注，就像恩知一样。不管是哪一种，都是把人当成提供某种功能的工具，而这样的工具性关系，注定对彼此造成伤害。

因此我们要能够认清，每个人都跟我们同样独特，贬低别人不仅无法证明自己的优秀，反而会显示出个人的狭隘。我们应调整心态与做法，建立一个真诚的互动模式，让彼此都能在关系中成长。

理解贬低造成的伤害，等同于实质的生理伤害

贬低不是一种抽象、不痛不痒的口头言语，而是一种会造成对方身心伤害的可怕攻击，关系越亲近的人，所造成的伤害就会越大。贬低他人虽会为自己带来短暂的优越感，但这种优越感并不是真实的。相反，给对方留下的伤害却是实实在在的。

→如果你基于对"不如别人"的恐惧，不自觉地想贬低他人……

＊刻意贬低他人，可能代表嫉妒对方。

＊承认嫉妒的感受，理解这是人之常情，并接纳这种不舒服的感受。

＊理解贬低别人无法彰显自身价值。

＊认清承认对方的优点并不会减损个人价值。

＊学习对方的优点。

＊想想被人贬低时的感受，停止贬低对方。

→如果你感受到旁人的排挤与恶意，却不知道该如何是好……

＊诚实面对被压迫的不舒服。

＊明确向压迫者表达感受，请对方停止这样的行为，例如明懿可以直接告诉恩知："你在背后说我坏话，散布谣言，让我觉得不舒服，也破坏了我跟他人的关系，希望你能停止这种行为。"

＊主动澄清不实的谣言。

＊检视与压迫者关系中的对等性。

＊离开无法对等尊重的关系。

与他人真诚共处的思考练习

借由以下问题，我们可以检视自己在关系中的位置，以及在团体中扮演的角色：

一、当我看到团体中表现与我旗鼓相当，甚至比我优秀的人时，我有什么想法？是贬低对方，还是崇拜对方，或是想向对方学习？与他相处时的心情如何？是嫉妒、愤怒，还是羡慕、喜悦或佩服？

二、当我看到团体中表现不如我的人时，我有什么想法？是想要指导对方，还是同情对方，或是不太想与之为伍？与他相处时的心情如何？是高兴、平常心，或是轻视？

三、我在团体中通常扮演什么角色？领导者、追随者、应声虫、倾听者，还是支持者？

四、我和朋友互动的模式是什么？是主动热情，还是被动依赖？是互相支持，还是互相拌嘴？是有事才想起对方可以帮忙，还是在平时就常常互相关心？

五、对于朋友的特质、能力以及其他各方面，我了解多少？我如何看待这些？我如何与对方互动？

六、对于我的特质与能力，朋友了解多少？对方如何与我互动？

如果我们期待被别人真诚地对待，就要先问问自己，有没有真诚地对待他人。如果别人长期以来，总是以让我们不舒服的方式对待我们，我们也要想想自己是如何回应对方的攻击的，毕竟别人对待我们的方式，常常跟我们的回应方式有关；别人有时候怎么对我们，其实是我们有时怎么对他们造成的。

　　一段能够互相滋养的关系，必定会双向成长，而非单向的工具性利用。

05

我这么照顾你，
你怎么可以不听我的

用讨好取得影响力

"前辈好，我是亮亮，请多指教！"亮亮90度鞠躬。

"你放心，办公室的人都很好，有什么事都可以问前辈我，我会帮你的！"玲玲亲切地回应。

看着玲玲热情的笑容，亮亮开心地说："能进到这里真好，有这么棒的工作环境，跟这么棒的前辈共事，我真是太幸运了！我一定会全力以赴的！"

看着眼前毕恭毕敬的亮亮，玲玲有种说不出的快慰。

是什么让这段曾经形同姐妹的紧密关系日渐疏远？

四处结盟的八面玲珑

讨好别人以获得保护

玲玲在一家跨国公司工作，公司的福利待遇优渥，她非常珍惜这份工作，因此，她极力争取表现机会，期望能在公司里一路平步青云。

在其他人眼中，玲玲不仅工作能力强、态度积极认真，更重要的是个性圆融、人缘极佳，不仅是上级眼中的潜力部下，也和其他资深员工情同兄妹，无论是部门内部合作还是跨部门的沟通协调，只要是玲玲出马，几乎都能完美解决。

但事实上，玲玲并不像表面那么自信，她也害怕势单力薄的感觉，因此，她到新环境的生存策略就是讨好，她会先判断哪些人在团体中较有权力、能力较强，随之努力讨好这些人，取得他们的认同，成为团体中的一员。她认为在职场上，拥有能和自己站在同一边的盟友很重要，这样在有困难或需要的时候，才会有人跳出来帮忙或帮自己讲话。

因此，她很努力地经营办公室的关系，一些强势敢言的资深员工或职位较高的同事，都是她结盟的重要对象。而那些弱势、沉默或资历尚浅的同事，虽然不是她结盟的对象，她心里也偷偷看不起这些人，但她仍会主动向对方施舍一些善意，好让这些人在需要的时候可以听话，同时维持她待人和善的形象，让大家都喜欢她。

享受被讨好以获得操控权

亮亮比玲玲晚一年进入公司，按照玲玲往常的策略，她对刚进来的亮亮非常照顾，亮亮因此非常信任玲玲，把自己生活以及工作上的大小事都告诉她。

玲玲发现亮亮很好使唤，无论她说什么亮亮都会相信，她很享受这种受人崇拜的感觉，毕竟她为了在短时间内取得影响力，花了许多时间和精力去讨好那些工作上可能为她带来益处的人，消耗了很多能量，身心俱疲。

对玲玲来说，亮亮这样的新人，就是她展现权力最好的对象。

虽然两人的工作职位与内容相同，但玲玲会主导亮亮的工作，要求亮亮按照她的方式去执行，她也会私自联系原本属于亮亮的客户，抢走原本属于亮亮的业绩。此外，她也会美其名曰要协助亮亮更快上手，实际上却使唤亮亮去完成自己该做的工作，完成后还会挑剔亮亮哪里做得不好，指示亮亮该如何改进。

为了在已经拉拢的资深团体里展现影响力，玲玲不仅经常分享她带领亮亮学习的过程，还会将亮亮私下告诉她的心事传播出去，事后，她再佯装无辜地向亮亮道歉，说这些事就算公开也无伤大雅，并且再三强调她是无心的，说自己一直把她当成好朋友，纯粹是想要帮亮亮征询他人意见。

久而久之，亮亮对玲玲从原先的崇拜，变得开始心存芥蒂，但她又说不上来到底是哪里出了问题。她告诉自己不要太在意，毕竟玲玲人缘好、吃得开，又愿意对她这个新人这么好，应该不会是个坏人。如果相处上有什么不愉快，一定不是玲玲的问题，而是自己的问题，是自己心胸狭隘，太过计较。

亮亮跟玲玲相处得越久，越觉得自己什么都做不好。玲玲也常常有意无意地指责亮亮的专业能力，说自己常常在亮亮不知情的状况下，帮亮亮收拾"烂摊子"，并要亮亮把一些重要的案子让出来交给她负责。日复一日地贬低、命令及责备，让亮亮越来越没自信，情绪越来越忧郁，身体也越来越不好。

察觉到这点的亮亮，不敢直接跟玲玲撕破脸，只能逐渐减少跟玲玲的接触，也不再对玲玲百依百顺、任她摆布。当亮亮不再跟玲玲有任何私人互动，并把全部精力放在工作上后，她体会到，唯唯诺诺是得不到别人尊重的，她该做的是不贬低别人和不刻意讨好任何人。

抛开了玲玲的影响，亮亮的工作表现越来越受上级肯定。玲玲看在眼里很不是滋味，对亮亮产生满满的敌意，但忌惮亮亮的能力与日益壮大的影响力，她便开始讨好亮亮，想要再次拉近与亮亮的距离。然而，这次亮亮却只跟玲玲维持工作上的必要接触，拒绝与玲玲有任何工作以外的交集。

玲玲开始觉得非常焦虑，焦虑来自内心的冲突——一方面她厌恶亮亮，认为亮亮抢走了她的舞台与掌声；另一方面，不安全感让她在现实层面上又不得不去讨好亮亮，她害怕自己被亮亮排挤，成为办公室里的边缘人，孤立无援，即使亮亮根本就没有这样的想法，她依然不断假想自己可能会被所有同事遗弃，同事可能会在私底下联合起来攻击她，就像她当初联合其他人攻击亮亮一样。玲玲就此陷入严重的忧郁中，到后来，她甚至无法正常工作。于是她在公司的建议下，办理了留职停薪，专心养病。

靠成为他人的一部分来缓解焦虑

对自由的焦虑

心理学家弗洛姆认为，当人们取得更多自由后，会感受到更多的寂寞、疏离以及无意义，相对地，较少的自由，却能带来较多归属感和安全感。

他注意到人类有别于受行为本能生物机制所支配的动物，不仅具有觉察本身及所属世界的自我意识，还能通过学习和想象，不断累积过去的知识，并将其投射到未来。这样的自觉、理性与想象力，使人类进化为宇宙的奇物，虽然仍属于自然界的一部分，无法改变自然法则并受制其中，但在某些能力上却凌驾于自然界的其他部分。这样属于自然却又凌驾自然的矛盾状态，使人从与自然的融合情境中被迫脱离出来，造成人类在某种意义上，是无家可归的孤立状态。

自由与安全的两难矛盾，会引发我们的焦虑，而这样的焦虑，可以借由"吞噬"别人，或被别人"吞噬"来成为他人的一部分而获得缓解。

刚进公司时的玲玲与亮亮，都渴望"安全感"。她们选择被公司中的资深者"吞噬"，成为群体的一部分以缓解焦虑，然而，这种把他人当成缓解焦虑工具的关系形态，必然会导致双方关系的损耗。

取得影响力的工具性目的

玲玲对别人的好，常带有"让别人跟她站在同一边""取得团体中影响力""可以合理使唤别人"等多重预设目的。她讨好资深员工，是为了进入办公室的权力核心，让这些人在她需要的时候可以帮她或替她讲话，借由被资深员工"吞噬"，成为核心团体的一部分，以减轻身处孤单处境时的焦虑；她对亮亮的照顾，是为了得到被职场新人崇拜的优越感，操控亮亮替她完成工作，压榨本不属于她的业绩，并将亮亮当成拉近她与资深员工距离的话题工具，这个"吞噬"亮亮、让亮亮成为自己一部分的过程，缓解了她自身的焦虑。长此以往，这种单向替自己牟利的工具性关系，让双方都变成一种资源逐渐耗尽的折旧商品。

而新进公司的亮亮，不自觉地接受了玲玲的"吞噬"，以避开进入新环境必然面临的不确定感，却付出了"被吞噬"而失去主体性的代价——深陷在轻视自己需要所导致的不快乐中。

真心互助的关系才能带来滋养

真心助人会对个人带来滋养，科学家通过共振成像仪进行的实验，证实了这一点。

科学家观察研究参与者在凭空接受报酬，以及为了慈善团体放弃部分报酬，好让慈善团体获得捐款这两种情境下大脑中的反应，发现后者大脑中的奖赏区域，比凭空获得报酬的前者更加活跃。

实验结果说明，大脑对我们"为了帮助别人而减损自身利益"这件事情感受到的愉悦，远胜过"单纯自己得利"。换句话说，主掌我们身心运作系统的大脑，可以从帮助别人的过程中获得滋养，而从"帮助别人"中获得的滋养，比"单纯自己得利"所获得的滋养更多。

为了再次确认这个事实，科学家针对他们认为人类最自私的青少年阶段，做了一个类似的实验。科学家找来一群青少年受试者，告诉他们和他们的父母，如果青少年参与一项研究，会获得一大笔补助金，但这笔补助金只能给家里人使用，绝对不能用在青少年自己身上。最后，实验结果发现，这些参与研究的青少年在得知自己会给家庭获得一笔补助金时，大脑的奖赏系统也发生了明显的活化；此外，参与研究的多数青少年也主动表示，能够对家人的日常生活提供帮助，让他们感到很满足。

玲玲一直以为，讨好别人才能获得保护、操控别人才能证明自己的重要性，但事实证明，这种物化的关系为她带来的伤害多过于利益。真正可以带来滋养的关系，绝非忽视对方人性需求的单向索取，而是重视彼此个体性的双向付出。

付出的行为表面上看似损失，但实际上我们可以从付出带来的改变中获得反馈，我们的自我评价会因帮助别人、使别人成长而得到提高，变得正向，并从中感到满足。而别人也会因看见我们的付出，而重新建构对我们的观感，调整与我们的互动方式。

相对地，当我们在关系中剥削别人，内在的自我会记录这些历史，并根据这些历史，形成负向的自我评价，进而造成内在的匮乏，而匮乏的内在，则促使个人更渴求掠夺他人来得到满足，形成一种恶性循环。这样的待人模式，也会影响他人用同样的方式与我们进行互动，让个人更加匮乏。而这正是玲玲目前所处的状态。

摆脱讨好与操控的循环

别有用心的讨好将耗竭自身

玲玲与亮亮、资深员工团体以及其他人的关系，都处于一种功能性的利用状态。这让她无法看见别人跟她有同样的需要，而只想要从别人身上获取利益。玲玲与人的交流因而变得非常僵化，无法随着关系的状态进行弹性调整，陷入了讨好与操控的循环中。

她用讨好来换取团体的保护，却损耗了内在有限的能量，再从操控亮亮所得到的优越感中，将损耗的能量补充回来。这一来一往所建立的人际交往模式，让她很难与人维持真诚稳固的关系，当她无法再操控亮亮时，就会导致供需平衡的能量循环体系崩溃，最后坠入忧郁的深渊。如果她无法检视自己的物化关系形态，并加以调整，很容易再次陷入讨好与操控的耗损之中。

而亮亮原本也身陷与玲玲同样的局限性关系中，直到发现自身状态越来越糟糕，重新审视她和玲玲的关系时，才不再为了获取受玲玲保护的安全感，而成为她的附属品。

真诚的关系能够看见彼此的需求

相对于玲玲这种工具性的局限关系，真诚的关系必须要建立在看见彼此需要的前提下，而不是单向使用其中一方提供的功能来获取个人利益。在真诚的关系中，两人会愿意因为彼此的差异去调整自己，调整自己的过程带来学习与改变，而个人会在学习与改变中，自然地获得滋养。

就像后来的亮亮，当她开始勇于面对未知所带来的焦虑，把全部的精力放在解决工作上的难题上，不再利用别人提供的保护来逃避焦虑，而是学习与焦虑共处，并在焦虑中练习展现真正的自己，和别人真诚互动后，才从与玲玲互相耗损的共生状态中摆脱出来，建立了新的关系形态。

→如果你因为害怕被孤立，想要努力讨好他人，也期待被人讨好……

＊总是缩小自己，讨好具有权位者，将被理所当然地视为任其差遣的下人。

＊总是隐藏自己真实的想法、感受，将具有权位者摆在第一位，就是告诉别人无须重视你、在乎你，可以把你视为无关痛痒、只需听话的下位者。

＊工作职场有职位之分，但个人价值无职位之分，每个人都是平等且独特的。

＊工作内容有专业之分，你有自己的专业，尊重自己的专业，别人才会尊重你的专业。

＊即使工作职权较高者，也无权对你进行人身攻击，不要任凭别人贬低自己的个人价值，适时地为自己发声，表达感受以及希望被尊重的想法。

＊尊重别人，也尊重自己。

＊不要复制别人的模式去压迫新人，因为这表示你支持资深者压迫你。

→如果你因为害怕被孤立，而忍受来自他人的压迫与操控……

＊行为比言语更能呈现出对方真实的样貌。

＊即使对方用好听的话术包装不当的压迫，依然无法改变压迫的事实。

＊要适时地表达自己的想法与感受，例如亮亮可以告诉玲玲："我很感谢你对我的照顾，我也很信任你，但你把我

的私事告诉别人，我觉得很不舒服，请你不要这样做。"

　　*相信自己的真实感受，远离不尊重自己的人，保护自己。

　　*在工作上尽到本分即可，对于资深的前辈，依然可以不卑不亢。

在陌生情境顺利自处的思考练习

在面对陌生的人际情境时，我们可以好好思考以下问题：

一、团体中，谁是主导者？谁是附庸者？两者间的关系如何运作？

二、进入陌生的团体时，什么类型的人会主动接近我？谁会和我保持疏远？我在别人眼中是什么样的人？

三、我和什么样的人互动会感到自在？什么样的人会让我觉得不舒服？为什么？

四、我在人群中展现的互动形态是什么？是主动还是被动？是热情还是冷漠？这样的互动形态对人际关系有什么影响？

五、我满不满意目前的人际关系？原因是什么？

六、我会怎么形容与我最要好的朋友？他是个什么样的人？我对他了解多少？我们如何进行互动？

七、我会怎么形容我自己？我是个什么样的人？我对自己了解多少？我是个什么样的朋友？

我们必须知道，每个人都是独立的个体，都同样面临自由与安全的两难矛盾，没有谁真的可以保护谁或依附谁，也没有谁可以操控谁，面对真实的生存处境，我们唯有携手合作，真诚地面对彼此，才能早日走出困境。

06

我这么相信你，
你怎么会这样对我

用控制缓解焦虑感

定砚脸颊泛红，她羞涩地告诉可亲自己有了心仪的对象。

可亲听后，拍拍定砚的肩膀，摆出一副理解力挺的样子，让定砚既放心又感动。

她热情地拥抱着可亲，可亲也回以热情的拥抱。

但定砚不知道的是，回以热情拥抱的可亲，会在网络上发表攻击她、让她陷入绝境的言论……

是什么让这段原本互相信任的关系，变成了满是恶意的伤害？

对他人的脆弱信任感

从势利环境里养成的占有欲

可亲自幼家境贫困，从小跟着父母住在违章建筑里，过着四处搬家、颠沛流离的生活，直到升上高中，家中债务终于还清，她才慢慢靠着奖学金和在学校住宿，过上了比较安稳的生活。因为这段生活经历，可亲看见了亲朋好友的嫌恶、班上同学的"耳语"，让她深深感受到人性的丑恶，认为没有人是可以相信的，只有靠自己才行。

直到她遇见了定砚。

定砚因为幼年时发生的意外，手脚有大面积的严重伤疤，而且难以通过手术进行美化，这使她受尽他人的异样眼光。直到上了大学，她才能够自由选择穿着，用长裤、外套遮掩大部分的伤痕，促使自己不再那么引人注目。

过去，面对同学们的异样眼光，即使定砚鼓足勇气向对方解释，换来的却依然是同学的嘲笑。于是，她将心力转到课业上，因为她发现在学习上名列前茅，可以让同学对她维持基本的敬意，不至于对她有太过逾矩的行为，甚至有人会愿意主动接近她，她也因此交到一些兴趣相近的朋友。

可亲发现，即使承受了跟她类似的人情冷暖，定砚依然对人保有发自内心的信赖、温柔与善良，没有跟她一样愤世嫉俗。她想跟定砚一样，试着去寻找人性的光亮。于是，可亲投注了所有的精力在定砚身上，成了她最好的朋友。她希望她们可以是永远的好朋友，甚至是家人。

因第三人介入而塌陷的信任

而这样的希望，在定砚告诉她心中有仰慕对象时，瞬间破灭了。

可亲觉得自己遭到了背叛，她的世界只有定砚，定砚的世界理应也只有她才对，自己明明这么相信她，为什么定砚要这样对她？

她感到矛盾与混乱。一方面她认为再也没有像定砚一样温柔善良的人，她生怕定砚被别人抢走，也担心定砚被别人伤害；另一方面她又觉得，定砚就跟那些曾在生命中背弃她的人一样，在关键时刻，只会为了自己的利益转身而去。

她想起邻居看她时的不屑神情，同学看她时的鄙夷眼光，也想起讨债公司到家里泼油漆的情景，印象最深刻的是那些有钱亲戚恶心的嘴脸。这些经历让她认为，所有人都是自私自利的，关键时刻，人都只会以自己的利益为优先，所谓的朋友，对她来说，也只不过是互相利用而已。于是，她展开了报复。

生活中，她继续维持和定砚友好的关系，分享心事，甚至为定砚如何接近心仪对象出主意；但在背后却通过网络社交平台，散布关于定砚的不实谣言，试图孤立定砚，希望借此让定砚离不开她，让她可以成为定砚永远的依靠。她想让定砚知道，除了自己，没有其他人是可以相信的，也唯有她可以成为定砚的力量。其他人，都只会给定砚带来伤害。

毕业前夕，可亲告诉定砚关于她所做的一切，她想要成为能够伤害定砚的最后一个人，她知道，一旦定砚知道事情的真相，就会跟她一样再也不相信别人，别人也就再也没有机会伤害定砚了。正如可亲所料，知道事实后的定砚，原本对他人的一丝信任也灰飞烟灭了。她发现自己太傻了，即使一直在嘲笑中努力证明自己，但人性依然充满了恶，包括曾经那么要好的可亲。真正能够相信的，自始至终就只有自己。

毕业后，定砚断绝了与可亲所有的联系，与人变得更加疏离，她觉得只有自己所学的专业不会背弃她，因此，她一路从大学、硕士念到了博士，最后在医学机构里专攻冷门研究，但因为长期与人疏离，陷入了严重的抑郁之中……

面对无法全盘控制的世界

用专业掩盖的焦虑，依然是焦虑

心理学家罗洛·梅认为，焦虑无所不在。当人们觉察到，自己随时会面临可能毁灭个人生存的事件，诸如死亡、重病、敌意以及其他巨变等时，便会产生焦虑。除非个人以冷漠或麻痹感性与想象力为代价，否则无法回避这种普世皆然的正常焦虑。焦虑虽无法避免，但可以降低。焦虑可以作为增加感知力、警戒和生存热情的刺激。

然而，有些人在面对焦虑时，会用过度膨胀的英雄气概去对抗或者否认，并以强化个人能力的方式来取得主动权，以避免任何无法事前预期的变量发生，消灭所有可能存在的焦虑。

专业权威加身时，个人的价值与重要性会被放大，进而掩盖了原有的焦虑。我们可以从社会上各个领域的专业人士身上看到这个现象。精神分析之父西格蒙德·弗洛伊德（Sigmund Freud）就是个明显的例子。他以自己的专业性，广结各领域杰出人士，并吸引当代精英、知识分子投入他的门下，更证明了自己在心理学界无可取代的重要性。但也因为身居当代精神医学的权威之位，弗洛伊德无法接受门下的部分弟子对其创立的理论提出异议，陆续与其决裂。

所以，专业能力不单纯只是该领域的能力展现，也是一种社交利器，更是一种权力的展现。拥有极致专业能力的人，自然会增加个人讲话的分量，扩大人际关系间的影响力。

定砚试图以强化专业能力的方式来否认焦虑，即使她确实取得了亮眼的学术成就，但被压下的焦虑感并没有消失，而是从其他地方蹿出，最后让她付出了健康的代价。

良好的关系里，没有谁可以控制谁

控制感会对个人产生深远的影响，也是许多人终其一生都想追求的。

艾伦·兰格（Ellen Langer）和朱迪斯·罗丹（Judith Rodin）曾针对这个主题进行研究，以了解控制感的重要性。她们以疗养院的长者为研究对象，按照不同的楼层进行分组。

一楼的老人对自己的生活拥有部分的控制选择权，他们可以在前一晚提早决定隔天早上的早餐，要选炒鸡蛋还是荷包蛋；可以决定是否要去看星期三或星期四晚上放映的电影（他们可以自行去登记）；他们可以从院方提供的盆栽中，自行选择喜爱的盆栽带回房间浇水照顾。

二楼的老人则被告知他们在院里生活的安排，包括每个星期一、三、五早上有荷包蛋，二、四、六有炒鸡蛋；住在左侧房间的人可以在星期三晚上看电影，住在右侧房间的人可以在星期四晚上看电影；院方会请人送盆栽到他们居住的房间里，并由护理师浇水照顾这些盆栽。

事实上，一楼和二楼的老人，享有完全相同的福利，唯一的差别是，一楼的老人拥有部分的控制选择权，而住在二楼的老人没有。

十八个月过后，研究者发现有主控权的老人，不但比较活泼，过得也比较快乐，更重要的是，拥有主控权的老人逝世的比例也比较低。这说明，自主权和控制感有助于提高生活质量和寿命。

耶鲁大学研究员麦德隆·维森泰纳的（Madelon Visintainer）想要进一步了解控制感的影响，因此在实验室用老鼠做了一个相关的研究。她先把一些肿瘤细胞移植到老鼠身上，这些肿瘤细胞有一半的机会导致癌症的发生，若免疫系统没有消灭这些肿瘤，就会致命。接着她将老鼠分成三组，第一组会接受轻微电击，但可以按键停止电击；第二组接受轻微电击，但无法按键停止电击；第三组则未接受电击。

一个月后，第三组未接受电击的老鼠，如预期的一样死了一半，另一半则抵挡住了肿瘤的"打击"。而能够按键停止电击的第一组，有70%的老鼠抵挡住了肿瘤的"打击"；无法按键停止电击的第二组，则只有27%成功抵挡住了肿瘤的"打击"。

这三组实验的电击量、食物、居住环境和移植肿瘤细胞的数量都完全相同，唯一的差别在于是否对电击有主控权。此外，研究者也发现，幼年经历过可以逃避电击、拥有主控权经验的老鼠，长大后多数可以抗拒肿瘤；相对地，幼年经历无法逃避电击的老鼠，长大后较不能抗拒肿瘤的生长。研究结果显示，在心理上拥有主控权，能够增加对肿瘤的抵抗力。

主控权对于身心发展的重要性，不言而喻。

主控权是人们对抗焦虑的武器。通常拥有较多主控权的人，对自己的生活会有较高的满意度，身心状态也比拥有较少主控权者更健康。

可亲因为对人缺乏信任，害怕失去人际关系上的主控权，放弃了与人真诚交往的可能。然而，她却忽略了良好关系中的主控权，和其他情境下的主控权完全不同。

良好的关系中，没有谁是可以控制谁的。真正的主控权，不是任何一方可以单向建立的，而是在双向互动与反馈中形成的，并且是出于"因为我愿意了解你、愿意付出与投入，而你也愿意同样地了解我、付出与投入"。

一旦关系陷入了由单方想全然主导或控制的状态，就会造成伤害。而这正是造成两人后续人际困境的主因。

在焦虑中成长

罗洛·梅从研究中发现，智力、原创性和分化程度较高的人，很容易产生焦虑。他认为，知识与焦虑的出现是成正比的，人的创造力和生产力越强，面对焦虑的处境就越多。

因此，焦虑并非毒蛇猛兽，而是能够使人升级成长的养分。当焦虑出现时，个人可以先从拓展觉察开始，承认自己的紧张不安，寻找威胁从何而来，并逐步理解内在目标之间的冲突，以及其发展脉络，接着重新排序，做出价值选择，在害怕中继续前行，才能负责且踏实地达成目标，让自己从中蜕变成长。

这也是定砚和可亲可以做的。勇敢承认自己面对人群时的不安，仔细辨别源于过往人际交往经验的威胁感，区分过往经验与现实处境的差异，才有机会找到志同道合的人，重拾与人真诚交往的可能。只是一味地逃避、否认、拒绝相信，就会永远被囚禁在过去里，并不断重蹈覆辙。

别让过往的人际交往焦虑限制了自己

从焦虑中学习

焦虑是最好的老师，焦虑也可以指出自己的不足。

我们可以从过往的人际交往焦虑中，思考自己的不足，找出问题的关键，想想自己究竟在焦虑什么？焦虑的事情是真的会发生，还是仅出于想象？焦虑的是过去，还是眼前发生的事？花点时间好好整理这些担心，有助于面对类似的焦虑。

如果定砚和可亲可以好好沉淀过去不快的经历，认清自己的不安，是来自过去而非现在，从经历中辨别哪些人值得信任、哪些人不值得信任，而不是一概而论，就不至于误伤身边的人；如果她们可以从过往的经验中，厘清自己的盲点，学习如何与人建立真诚的关系，就不至于在遇到问题时，用逃避、伤害性的方式去处理。

从关系的反馈中调整自己

真诚的关系，会因为彼此的双向投入而不断改变，双方都能从关系的反馈中获得成长，也会从中不断调整自己，使得关系能长久维持下去。

如果可亲能从定砚的真心倾诉中，看见定砚对自己的全然信任，而非误解为背叛，调整自己，将心比心，并回报以同样的信任，这段关系必然可以成为彼此生命中最重要的支持，而非不可磨灭的诅咒。两人也会因为在这段关系中的成长，学会用更成熟的方式处理各种人际困境。

→如果你过分重视一段关系，却因为太害怕失去而伤害对方……

*伤害对方，反而会加快自己失去这段关系。

*想想对方的感受，以及自己造成的伤害。

*承认自己的错误，并向对方真诚地道歉。

*关系不是占有，而是用双方都舒适的方式彼此陪伴。

*审视自己与人互动的模式，并加以调整。

→如果你曾被最信任的好朋友暗地中伤，再也无法信任别人……

*寻求身边的朋友协助，澄清不实谣言。

*向对方表达真实的感受，例如，定砚可以向可亲说："你这样做让我觉得很难过，也很不舒服。"

*肯定自己的真诚付出，不需要鄙夷自己过去对人的相信。

*不用勉强修复关系，远离伤害，保护自己。

*相信还是有机会找到值得信任的朋友的。

*不放弃未来所有可能的美好关系。

面对人际焦虑的思考练习

当我们面对人际交往焦虑时，可以思考以下问题：

一、什么类型的人特别容易引起我的焦虑？这些焦虑是源自过去的经验，还是当下的冲突？这些威胁感是真的吗？符合现实吗？

二、什么类型的人特别容易引起我的好感？这些好感是源自过去的经验，还是当下的相处？这些好感是真的吗？符合现实吗？

三、人际关系会引起我哪一种焦虑？我该如何处理这种焦虑？是逃避与人接触、屈从别人的想法，还是直接面对？

四、什么样的人值得信任？可以从哪些事情进行客观的评估？

五、什么样的人不值得信任？可以从哪些事情进行客观的评估？

六、我遇到的最糟心的人际交往情境是什么样的？当时我是如何处理的？通过这件事，我从中学到了什么？若能回到当时，如何处理会更理想？

焦虑无法消除，只有带着焦虑前行，方能更加清晰地认识自己，了解别人，拓展自觉与各种可能性。

Ⅲ

亲子关系的物化

你的孩子不是你的，

他们是"生命"的子女，是生命自身的渴望。

他们虽然和你在一起，却不属于你。

你可以给他们爱，但别把你的思想强加给他们，

因为他们有自己的思想。

你可以勉强自己变得像他们，但不要想让他们变得像你。

你的房子可以供他们安身，但无法让他们的灵魂安住，

因为他们的灵魂住在明日之屋，那里你去不了，哪怕是在梦中。

——诗人卡里·纪伯伦（Kahlil Gibran）

为人父母，常常因为过分疼爱孩子，忽略了他们有自己的世界。

许多孩子，也常常因为父母的疼爱，忘了父母也有自己的生活。

即使有着不可分割的血缘关系，

但在亲子关系中，依然没有谁是谁的这种说法，

每个人都是独立的个体。

把对方当成自己的一部分，

或妄想寄生在对方的身上，

都将带来不可磨灭的伤害……

07

这是我以前的梦想，
不要身在福中不知福

让下一代替自己而活

"妈，我觉得我不适合读医学系，我想要转系。"翼翔思考许久后，终于鼓起勇气向母亲芳谊坦白。

"你这个高考状元如果不适合，还有谁适合？那么多人挤破头都考不上，结果你说你不适合？要不是因为没那个环境可以栽培我，我当初就能当上医生，你不要身在福中不知福……"翼翔多次想跟芳谊沟通，却每次都还没讲完就被打断，只能默默地听完她千篇一律的劝诫之词。最后他决定先斩后奏，直接转到哲学系后再告知父母，没想到芳谊气得要和他断绝亲子关系。

灰心的翼翔，像个流浪汉一样漫无目的地走在街头，甚至动了轻生的念头……

是什么让原本望子成龙的殷切母爱，反而毁灭了孩子？

无法成为"自己"的子女

优等生的原罪

翼翔从小天资聪颖，对于新事物与新知识总能过目不忘、快速上手，即便在人才济济的优等班里，仍是鹤立鸡群、一枝独秀，不但是班上的第一名，而且还拿过国际奥林匹克的金牌，也是高考状元，顺利地被众人眼中第一志愿的医科大学录取。

但众人眼中的第一志愿，其实并不是他的第一志愿，因为他根本不知道自己的志愿是什么，不了解自己想要干什么。他觉得自己其实一点也不厉害，真正厉害的是班上那些知道自己想要什么的同学，这些同学很早就立定志向，向着自己的目标前进。有的想成为化学家，有的想成为数学家，有的想成为物理学家，他们不是没有能力拿到国际竞赛金牌或大考榜首，而是因为那并非他们的目标，他们没有必要花力气在自己没兴趣的科目或领域上，只要专注在与志趣有关的部分即可。

反观自己，翼翔完全不知道自己要什么，只是听从家人与老师的建议，什么比赛都去参加，什么考试都去考，以免错过任何好机会。但他心中隐隐有些不安，觉得这些在旁人眼中光鲜亮丽的外在成就，不过是用来掩饰自己空洞的内在罢了。几次跟母亲芳谊讨论这些真实的想法，却都被一句"想太多"画上句号。他也只好告诉自己，不要想那么多，就照着众人的价值观走下去就对了。

把子女的主见当成"想太多"

芳谊的确认为儿子想太多。她觉得他真的不用多想，只要好好发挥天分，替自己扬眉吐气就可以了。

芳谊生长在重男轻女的家庭，尽管她自幼聪慧，却始终得不到家里任何的重视和栽培，初中毕业不久就被要求到工厂的生产线上当工人。好学的芳谊，用工作一阵子后积攒的钱当学费，在半工半读下读完护专，随后转职成为医院的护士，并认识了现职医生的丈夫，与之共结连理。

然而，这段婚姻一路走来，却相当坎坷难行。先是受到双方家长的反对，女方父母认为芳谊高攀不起医生世家，男方父母认为两人门不当户不对，虽然在两人坚持下依旧完婚，但仍得不到双方家庭的真诚祝福。芳谊的爸妈无法接受她的成就超越两位备受呵护的弟弟，多年来都不曾看好这段婚姻；而结婚多年膝下无子，也让公婆常常冷嘲热讽。

翼翔是父母婚后十年好不容易期盼而来的独生子。芳谊毅然决然辞职，全心照顾翼翔，希望他未来能继承丈夫的衣钵与自己的志向，成为一位优秀的医生，为自己扬眉吐气。翼翔也不负母亲的期望，以榜首之姿考取医学系，让芳谊一吐多年来积攒的怨气。

然而，就读医学系的翼翔并不快乐，他一直在思考自己想要什么、想成为什么样的人，大学让他开阔了眼界，他发现自己并不喜欢医学，反而对在父母眼中毫无用处的文学与哲学产生了浓厚的兴趣。几次和父母提及转系的想法，都在争吵中不了了之。最后，翼翔在没有告知父母的情况下，转至哲学系，这是他所做过的最叛逆的决定。

　　翼翔的父母完全无法接受儿子的做法，芳谊的反应更是激烈，甚至执意要断绝亲子关系，中止对翼翔的经济支援。对芳谊来说，翼翔的决定等于毁了她多年来的努力成果，让她成了众人眼中的笑柄，她成了自己爸妈与公婆口中名副其实的失败者，并印证了他们多年来的轻视，而儿子的这一行为也让她与丈夫的关系降到了冰点。

　　翼翔无法理解，一向慈爱的母亲为何对自己转系的想法有如此强烈的反应。他在深爱的母亲与自己的未来间陷入了两难的境地，也陷入了深深的忧郁之中。他爱母亲，却也无法欺骗自己，去勉强待在一个会耗竭自己生命的领域中，行尸走肉般地度过余生，于是，他走向顶楼企图轻生……

　　所幸同学及时发现并阻止，也极力劝慰，给了他活下去的勇气；而差点失去翼翔的芳谊也深受打击，终于认识到翼翔承受了太大的压力，也被他对哲学的热爱所打动，决定尊重他转换学业的决定。而翼翔也鼓励母亲重拾护理专业，重返她热爱的职场，找回自己生活的重心。

实现梦想的替代品

让下一代替自己而活

有人曾说："在出生时，我们就开始面临死亡，从起点就开始了终点。"

死亡是生命不可分割的一部分，充斥在生活之中，但赤裸裸的死亡焦虑却并不明显，因为它总是被转换成其他形式隐藏着，以降低其威胁感，不致让人受困其中无法动弹，但即使如此仍对人有着深刻的影响，只是我们深陷其中而不自知。

在亲子关系中，最常见的防卫死亡焦虑的方式，就是将自己的焦虑转嫁到自己的下一代身上，让下一代替自己完成无法达成的目标与愿望，以便自己能延续到更长远的未来。

芳谊便是如此。

芳谊结婚以后，将自己的生活重心与个人价值全部寄托在母亲的角色上，放弃了自己的工作，牺牲了自己职业生涯发展的可能性。她爱翼翔，却也怨恨他给自己的生活造成了妨碍，更忌妒他拥有自己从前所没有的机会，加上芳谊一直未能走出成长过程中的挫折与失落，她将这些复杂情绪全部转嫁到了翼翔的身上，想借由翼翔的成就来平反自己过去所受到的不公平对待，一吐多年来的怨气。

芳谊忽略了，她所不满的人生遭遇，并非是由翼翔造成的，也忽略了翼翔跟她一样，会有自己的目标与愿望，有想做的事情，以及想成为的样子。翼翔是个独立的个体，而非她的所有物，更不是任何人的替代品与复制品。芳谊勉强翼翔变成原本那个理想中的自己，对彼此来说，都造成了严重的伤害。

优渥的报酬仍无法让热忱持续

行为经济学家丹·艾瑞里（Dan Ariely）想知道除了薪水之外，还有什么因素可以维持一个人的工作动机，支持他继续在工作岗位上坚持努力下去。于是他与研究团队，设计了"组装乐高生化战士"的实验。

实验分成两组，两组的参与者都需要将四十个乐高塑胶积木，组装成一个"乐高生化战士"。成功组装完成第一个乐高生化战士后，参与者可获得 2 美元酬劳，之后每组装完成一个新的生化战士，酬劳将固定减少 11 美分，直到参加者决定不玩为止。过程没有时间限制，参加者可以一直组装到他认为所得的酬劳不值得让其付出努力为止。

两组唯一不同的是，第一组完成的每一个生化战士会被收到桌下的箱子中，并被告知晚点会拆解供下一位参与者使用；第二组完成的生化战士会被研究人员当着参与者的面现场拆解，研究者会告诉参与者，这是用来让他后续组装新的生化战士之用。

结果显示，第一组每人平均组装 10.6 个生化战士，获得 14.4 美元。即使组装一个生化战士只能拿到低于 1 美元的报酬，仍有 65% 的人继续组装下去，越喜欢乐高游戏的人，在此情境下组装的工作动力就越强；第二组每人平均组装 7.2 个生化战士（只达第一组参与者的 68%），获得 11.52 美元，当组装一个生化战士只能拿到低于 1 美元的报酬时，只有 20% 的人决定继续组装下去，即使是原本很喜欢乐高游戏的人，在此情境下也无法维持继续组装的高工作动力。这说明了：

一、能在有热忱的领域中工作，即使所得较低，仍能维持工作动力，代表除了薪资以外，工作本身的乐趣与成就感就能为个人带来满足，薪资并不是唯一能支撑工作动力的要素。

二、即便有高薪资，若无法从工作中取得成就感，也无法维持长久的工作动力。

三、个人的工作成果若无法受到重视，即便有高薪资，原有的工作热忱也会遭到破坏。

医生虽然是众人眼中高收入、高社会地位、具有崇高意义的职业，但对翼翔来说却太过沉重，特别是在面对重症病人时那无能为力的感觉，啃噬了他的热忱，他无法从中获得成就感。相较于医学的沉重，文学和哲学带给他许多启发与乐趣，他认为救人有很多种方式，文学与哲学的养分解答了他多年来的疑惑，引领他找到方向，将那个被众人的目标与愿望形成的大海所淹没的自己解救出来。

内疚的焦虑

天赋异禀对翼翔来说是一种不可承受的原罪，因为能力出众，就理所当然地被期待往众人眼中最优秀的道路上前进；因为能力出众，就理所当然地成为父母炫耀自身价值的工具。一旦他脱离了主流价值观所认可的道路，就会被人们视为失败或异类，天资优秀不是他自己能决定的，但他却被天资优秀这个标签决定了一切，他搞不清楚"天资优秀"这项天赋到底是他的资源，还是他的束缚。因此，他从小对生活就有种说不出的疏离感，仿佛过的不是自己的人生，而是别人的人生。

心理学家卡伦·霍妮（Karen Horney）认为，当个人与真正的自己分裂，使个人无视自己真正的感受、愿望与想法时，个人会在潜意识中不断比较"真正的自我"与"活在世上的自我"的差异，当两者的落差太大时，就会产生大量的自我轻视，造成焦虑和不安。

哲学家保罗·田立克（Paul Tillich）也有同样的见解："人的存有不只是给予他，也对他有所要求。他要为存有负责；也就是说，他必须回答要使自己成为什么样的人的问题。问他的人就是他的审判者，也就是他自己。这种情形会产生焦虑，以相对的措辞来说，就是内疚的焦虑；以绝对的措辞来说，就是自我排斥或自我谴责的焦虑。人被要求使自己成为应该成为的样子，实现自己的命运。自我肯定的人在每一项道德行为中促成自身命运的实践，实现他潜在的可能。"

优秀的原罪，剥夺了翼翔在成长过程中，用自己的方式活出真正自我的可能，这种无法成为自己的绝望，让他以及许多跟他处于相同处境中的优等生，产生了走上绝路的念头。

这种来自主流价值观的枷锁，将翼翔这样的天赋优异者牢牢锁住，他们被当成一种成就社会与彰显人类价值的工具，无法像一般人一样，过着可能是他们想要的平凡生活。这种"有才者应该从事某些特定的行业，才能造福社会与人群"的思维，漠视了个人的独立个体性，导致人们被工具化而不自知。

追求主流价值的掌声，却束缚了自我的人生

众人认可的标签，可能是个人的毒药

不管是"重男轻女"，还是"有能力就要念第一志愿"，都是社会长久以来所传承的价值观，这样的价值观或许在某些时代背景下有一定的道理，但也绝对不适合套用在每个人的身上。

芳谊和翼翔这对母子都因为价值观念与上一代的差异而遭遇了无法活出自己的困境，芳谊本受限于"重男轻女"的思想无法尽情发展自己，理应最能理解这种无法活出自己的心情，却不自觉地复制了父母对待自己的方式，限制了翼翔成为自己的可能。

尊重不同个体的独特性

不同时代的价值观套用现象，最容易发生在长辈与晚辈的互动关系中，一不小心，拥有较多权力的一方，就会不自觉地将个人或社会的价值观，强加在权力较少的一方，忽视了对方的主体性，陷入物化的关系中。因此，我们得提醒自己，务必尊重不同个体的独特性，以免造成原本可以避免的遗憾。

→如果你受限于上一代的期盼而无法活出自己，并对此感到绝望……

＊试着理解上一代所经历的沉重，看见他们所背负的包袱、所做的努力。

＊表达对上一代的理解、心疼，并在自身能力范围内对上一代好。

＊尊重自己的内在感受，并持续沟通，让对方理解自己的感受。

＊肯定自己的独特性，不强迫自己过别人的人生。

＊强化自己的能力，做好本分，不让上一代担心，尽自己所能争取信任与支持。

→如果你因为某些因素无法活出自己，把所有期盼都放在下一代……

＊承认遗憾已经造成，过去无法改变，即使勉强下一代活出可能的自己，替自己达成无法实现的目标，依然无法改变遗憾与过去。

＊好好心疼过去的自己，肯定已经尽全力的自己，有些遗憾是自己无法操控的因素所致，不是你的过错。

＊在能力范围内，尽可能地对自己好一点。

＊即使过去无法改变，仍能从过去汲取养分，将希望放在未来，想想未来还可以做的事情，避免过去的遗憾在未来再次发生。

＊别把同样的遗憾复制到下一代的身上。

面对过往遗憾的思考练习

一、我曾经历过哪些遗憾？这些遗憾是怎么形成的？

二、我如何看待与这些遗憾有关的人、事、物以及自己？其中各自的责任是什么？我在遗憾中扮演了什么角色？别人又扮演了什么角色？

三、这些遗憾带给我什么样的伤痛？我该如何帮助自己走出伤痛？

四、这些遗憾带给我什么样的体悟？我该如何避免类似的遗憾再次发生？

五、我从遗憾中学到了什么？能从中汲取到什么可能的养分？

六、我如何和上一代、下一代或重要的人讨论遇到的遗憾？

每个人都不希望人生有遗憾，却又不可避免地经历不同的遗憾，唯有通过不断反思，努力把每个无法控制或无法挽回的遗憾中的价值留下，才能把未来过得更好，不让遗憾只是遗憾，而能"化作春泥更护花"。

08

只要把成绩搞好，其他都不重要

用物质满足取代心灵陪伴

"再过一阵子，我就会成为全国最有名的大人物了！"家宝在网络上大张旗鼓地宣传着。

"你确实是网络游戏里的大人物，但脱离网络游戏，只是个小人物，没有人认得你，你想太多了！"网友回应着。

"哼！不相信的话，晚点看看新闻就知道了！"

家宝飞快地按着手机，输入最后的留言后，背起装满刀械的包，走出车厢，朝着满是人潮的车站出口走去，寻找可以下手的目标……

是什么让曾是父母心中骄傲的家宝，变成了杀人的啃老恶魔？

当物质取代了生命的意义

饱受忽视的需求

家宝从小家境优渥，父母是成功的商人，平日的生活重心都放在追求商场的获利与名声上。他们其实没有特别喜欢小孩，只是觉得有个小孩可以传宗接代、继承家业，于是，他们生下了家宝。家宝出生后，他们聘请了全天候的保姆来照顾家宝与打理家务，而两人依然在商场上驰骋活跃着。

由于他们工作非常忙碌，能陪伴家宝的时间很有限，所以，他们只能把有限的时间与注意力，放在家宝的学习成绩上。他们告诉家宝，上学最重要的就是维持好成绩，有好成绩才能读好学校；读好学校才会有好学历；有好学历才会有好工作；有好工作才能赚得到钱；有钱，才会有好的生活质量，没有钱，什么都是假的。对父母来说，家宝有好成绩，不仅可以为家庭的外在形象加分，更重要的是，这样可以确保家宝将来不会拖累他们，甚至可以帮助家里的事业。

因此，父母严格要求家宝的学业，只要每次成绩单出来，没有在前几名看见他的名字，就会惩罚家宝。成绩，是父母眼中唯一重要的事情，只要家宝达到这项要求，他们对其他事情都不会有意见，事实上，他们也不可能有意见——因为父母根本无暇理会家宝学习成绩以外的生活。

人际关系就是其一。

家宝在学校的人际关系并不好，常和同学互相看不顺眼，对老师的管教也多有不服，因此，他和同学、老师间的冲突不断；一开始，家宝会向父母抱怨在学校发生的事情，但父母认为只要家宝的学习成绩好，现在遇到的这些同学、朋友或老师，都只是他生命中的过客罢了，对他的将来一点帮助也没有，没什么好在意的。

因此，父母没有时间也没有精力去回应家宝与他人无止境的人际冲突，于是，父母采用转移注意力的方式来回应——每次在学校发生事情，父母就以买玩具或家宝喜欢的东西来转移家宝的注意力，后来干脆就直接给他钱，让他去买自己想要的东西。渐渐地，家宝不再抱怨了，每天一回家就躲回自己房间里面，打最新的电子游戏，父母也因此乐得轻松。

无止境满足的需求

由于对游戏的过分沉迷，升高中的大考，家宝考得一塌糊涂，父母才惊觉事态严重，想要跟家宝讨论关于他的学习成绩、未来以及生活作息时，家宝却完全拒绝讨论，威胁若是再逼他，他就不去上学。父母只好勉为其难顺着他，等着按照分数分配学校。

进入高中以后，家宝经常以身体不适为由，请假在家打游戏，如果父母反对他请假，他就开始摔砸家里的物品。父母不知所措，在学校老师的建议下，带家宝到医院就诊。医生表示，家宝有抑郁倾向，便开了相关药物给他，希望家宝可以定期复诊，同时建议家长多花点时间帮家宝解开心结。

但家宝不愿意按照医嘱服药，并拒绝复诊。每当父母想要坐下来跟他好好讨论一些问题时，他就会对父母大声吼叫：

"医生都说我有抑郁症了，我有抑郁症还不是你们害的！给了我那么大的压力，只要求我的学习成绩，我在学校被霸凌也不处理，我才会得抑郁症的，你们要负责，负责照顾我到最后一刻！"

渐渐地，家宝不愿意再到学校去上学了。为此，学校老师多次到家里家访，家宝却始终待在反锁的房间里。任凭老师在门外好说歹说，完全没有任何的回应。

老师无奈地摇摇头，但还是鼓励父母，不要放弃和家宝沟通，并寻求家族治疗等专业协助。经过一段时间后，情况还是没有得到改善，父母只好决定先帮家宝办理休学，他们依然抱着一线希望，期待再等一阵子，家宝的情绪就可以缓和下来、会主动愿意和他们沟通，到时候，问题自然而然就会解决了。

然而，随着时间的推移，家宝的问题完全没有得到任何缓解。家宝依然一直待在家里，不愿上学，也不愿工作，他成了名副其实的"啃老族"。由于作息时间不同，他跟父母几乎见不到面，即使见面，也像陌生人一样完全没有互动，即使家宝开口，也是为了要钱或索求物质上的满足，父母不同意的话，他就用难听的字眼辱骂父母、翻砸家具，大吵大闹，甚至会动手推搡父母。年纪渐长的父母，无力也无心再去管教家宝，只要他不吵不闹，什么都顺着他，不但每个月支付给他生活费，还煮好三餐放在他房间门口，他们只想要平静的生活。

至此，"唯我独尊"的价值观已经在家宝的内心根深蒂固了。

家宝理所当然地认为，父母要担负起照顾他生活的全部责任，毕竟是父母擅自把他生下来的，还害他得了抑郁症，这全部都是父母的错！因此，只要生活中有任何不满意的事情，他就会对父母大发雷霆，例如，觉得饭菜太难吃，他就会把饭菜与锅碗直接从自己所在的二楼房间窗户往一楼砸去；网络速度太慢，他就会冲到一楼客厅，把所有东西砸毁。已经放弃与家宝沟通的父母，则默默地忍受着这一切，每当遭到家宝抗议，就会尽快把他抱怨的事情处理好。

家宝把所有的重心都放在了网络游戏上，用父母给他的钱，买了很多游戏中的虚拟装备，但如同在校园里的情形一样，家宝在游戏中也常常与人起冲突。虽然脾气火爆，但由于他游戏的等级高，又有充足的好装备，因此，还是有许多网友愿意和他组队。在网络游戏的世界中，他可以说是打遍天下无敌手。

家宝过着不用升学、不用工作，可以整天玩自己最爱的网络游戏的"惬意"生活，他原以为可以从此过得幸福快乐，没想到，日子却一天比一天空虚，心情也一天比一天抑郁。他常常觉得看什么都不顺眼，很容易生气，对现有的生活越来越不满意。纵使他在网络游戏的世界里相当强大，但在现实中却没有一个可以说话的人。网友除了想靠他在虚拟世界中的游戏等级帮助自己升级外，根本不想跟他这种情绪失控的人闲聊游戏以外的任何事情。在游戏里，他拥有很多，但在游戏之外，他一无所有。家宝越发觉得人生没有意义可言。

某天，他随手拿了家里的几把菜刀，放进了背包，出门准备执行他构思许久的"大事"：他来到了人潮众多的车站，观察了好一阵子，接着，他从背包里缓缓地拿出菜刀，快步冲进人群。正当他要拿刀砍向眼前完全陌生的妇人时，正巧被巡逻的警察撞见，警察三步并成两步，立即将家宝反手制服在地，并将他移送到警察局。

父母得知家宝被逮捕后，一方面感到震惊，一方面也松了一口气。他们庆幸没有任何人受伤，也为家里暂时少了一颗阴晴不定的定时炸弹而感到心安。法院判定，家宝除了要为自己的行为付出代价——入狱服刑外，还要接受强制治疗，以避免类似的事情再次发生。

极度需要意义的人，却过着缺乏意义的生活

对意义的渴求

意义感，对人们影响至深。

哲学家阿尔贝·加缪（Albert Camus）认为，唯一严肃的哲学问题，就是在了解人的生命毫无意义之后，判断人生是否还值得继续下去。因为见过许多感受不到生命价值而死去的人，他认为生命意义是最迫切也最重要的哲学根本问题。心理学家卡尔·古斯塔夫·荣格（Carl Gustav Jung）则认为，缺乏生命意义会抑制生命的丰富性，导致精神上的疾病。精神医学家维克多·弗兰克尔（Viktor Frankl）也认为，存在的空虚感——也就是缺乏生命意义，会对个人带来精神与生活上的双重困境。

存在心理治疗师欧文·亚隆（Irvin D. Yalom）提到，需要意义感的人们，却活在由无意义组成的世界中，如果无法定位出人生的目标或创造出个人意义，便会造成内在的紧张失衡，当人们狂热地追求名声、权力、物质获利及社交地位

等错误的生命核心来作为填满意义需求的东西时，早晚会面临这些意义工具崩溃的问题。

意义工具崩溃的问题，最后也导致家宝走向了极端。

金钱强化个人主义

当人们像家宝的父母一样，将生活的全部意义都寄托在对金钱利益的追逐上时，就很容易会成为只看得见自己的人，因为金钱很容易促发自私与自我依赖的行为。心理学家凯瑟琳·沃斯（Kathleen Vohs）以实验证明了金钱对人们所产生的负面效果。

在进行实验活动前，实验者先让部分的受试者接触与钱有关的活动或事物，例如，要求他们从五个字中选择四个字，并造出与钱有关的句子，或让他们"无意间"看到桌上一大沓游戏假钞，又或是让他们看见飘浮在计算机屏幕保护程序上的纸钞等。接着，再让所有受试者尝试解决一个难度很高的任务。

结果发现，接触过与钱有关事物的受试者，会比没接触过同类事物的受试者，多坚持近两倍长的时间后才开口向实验者求救，这显示金钱强化了个人的自我依赖。而同一批人，在实验者假装不小心把铅笔掉到地上时，都不太愿意帮忙捡笔，显示出其较为自私的心态。而他们在被请求帮忙排会场椅子时，所排椅子的间距也较对照组更远，代表他们偏好独处，不希望被打扰也不愿跟别人谈话。实验的所有过程都证明了，金钱会引发个人不愿依赖他人、与他人靠近或接受别人要求的个人主义。

而这样的个人主义，正是家宝父母在家宝一路成长历程中所奉行的宗旨，是他们的成功之道，也是他们想要传达给家宝的价值观。

金钱塑造物化的价值观

父母以金钱与物质处理问题的方式，长期下来，对家宝造成了潜移默化的影响。金钱利益至上的价值观会促使人将一切物化，变得只在意个人成本与得失的平衡，忽略其他一切。科学实验证明了这点。

心理学家找来实验参与者，将他们随机分配到不同的组别，其中一个组别填写与金钱有关的题目（例如他们随便花钱），另外一组则填写与金钱完全无关的题目（例如他们走在草地上），接着让他们分别参加不同的实验活动。

结果发现，填写过与金钱有关题目的组别，相较于填写与金钱完全无关题目的组别，有更高比例的人表示自己有可能偷走办公室的打印纸；也有可能会为了获得更多的奖金去说更多的谎（当他们被告知对另一位参与者说谎可以获得5美元，说实话可以获得2美元时，他们会选择讲两个以上的谎话）；也会更愿意在面试活动中，录取行为不检点的人（他们会录取那些自称若被录取，就会提供对公司有利机密资料的面试者）。这些实验显示，即使是微不足道或难以觉察的金钱诱惑，都会增加欺骗、偷窃或说谎等降低个人道德感的行为。

局限的经验带来局限的视野

长期生活在高度自我依赖与以自我为中心的环境中，让家宝的视野越来越狭隘，而生活经验的极度局限，连带地使他对挫折的忍受力越来越低。

科学家曾做过实验来证明，个人的生活经验会影响他们对不愉快事件的忍受度。

艾瑞里和哈南·法兰克（Hanan Frenk）教授招募了一些曾经在战争中受过伤的士兵作为志愿者参加实验，这些自愿成为受试者的人都是男性，也都隶属于同一个伤兵俱乐部，平均受伤时间为十五年。

艾瑞里和法兰克请一位医生和两位护士根据伤势的严重

程度，将四十位受试者分为轻伤组（组里有人执勤时伤了手肘而动手术植入了金属片，但除此之外一切正常）和重伤组（组里有人曾被地雷炸过，失去一只眼睛和一条腿）。接着分别让两组受试者将手放进 48 摄氏度的热水中，并要求他们在热水开始造成疼痛感时（疼痛临界点）告诉实验者，但受试者必须持续把手放在热水中，直到受不了时才能把手抽出来。实验者将受试者"感受到疼痛的时间点"以及"将手放在热水中的时间长度"，作为衡量疼痛忍耐度的标准。

四五秒之后，轻伤组的人会开始感觉到热水带来的疼痛感，他们平均将手放在热水中 27 秒；重伤组的人则在 10 秒或之后才会有痛的感觉，他们平均将手放在热水里面 58 秒。为了避免受试者受伤，实验者订立了不得将手放在热水中超过 60 秒的规定，但没有事先告诉受试者有这项规定，不过只要时间一到，他们就会请受试者立刻将手从水里抽出。轻伤组全都在 60 秒前就将手拿出，而重伤组中，只有一人在 60 秒之前将手拿出。

结果显示，即使是多年前受的伤，受试者对疼痛的忍耐度却依然受多年前受伤的经验所影响，他们的疼痛忍耐度似乎从受伤那时就改变了，而且成为一种长期的惯性。科学家还发现，实验结果与第二次世界大战被派驻到意大利担任军医的博士亨利·比彻（Henry K. Beecher）的观察一致。

比彻医治的两百零一名伤兵中（这些伤兵身上有穿刺伤、大面积皮肉或骨头伤害等严重问题），只有四分之三的伤兵要求使用止痛剂；但受伤的平民对止痛剂的需求却远比这些伤兵高。他的结论是，人们对疼痛的感受不仅与伤势的严重度有关，也跟疼痛的情境以及个人对疼痛赋予的意义有莫大的关联。

家宝极其局限的生活经验，以及过往顺遂的求学经历，加上"自我至上"和"利益至上"的价值观，让他的内心充满了矛盾。家宝一方面认为自己的学业表现优异，是个特别出色的存在，理应受到更多的关注，但他却发现没有人了解他，没有人关心他、在意他，从父母到网友皆是如此；另一方面他也知道，放弃了学业的自己，是个社会普遍看不起的"啃老族"，但他觉得千错万错全都是父母的错，是父母的逼迫与压力造成如今这样的状况，所以，父母必须不断满足他的需求，甚至必须负责他的一辈子。

内心种种的纠结与冲突，让他对当下的生活越来越不满意，而严重的认知失调，也让他的性格越来越扭曲、混乱。他不知道自己的目标，找不到人生为何而活的意义感。于是，他开始反复构思，要做一件让所有人都注意到他的事情，好证明自己的存在，并彰显出自己存在的意义，他从来不管这件事会给多少人造成什么样的伤害。

检视自我生命的核心

用物质享受填满生命意义，将会扭曲人心

缺乏生命意义的家宝，试图从物质享受中获得满足，却只换来更多的空虚，甚至最后差点酿成惨剧。

荣格曾说，意义能使人忍受许多事情，可能包括每一件事。

相对地，缺乏意义感，则可能会使人无法面对任何事情。

亚隆从治疗垂死的癌症病人身上一再发现，意义感对人们的重要性。领悟到深刻意义感的人，生活显得更加充实，他们在面对死亡时，较缺乏意义感的人不那么绝望。他观察到，病人身上最重要的意义感来源是"利他"——即服务他人、参与慈善活动，以及各种可以造福别人的行为。

哈佛大学的格兰特研究（The Grant Study）证明了这点。

格兰特研究从 1939 年开始，长期追踪七百二十四位男性至今（长达七十五年以上），结果发现，影响个人一生中生活满意度最大也是最重要的因素，不是财富，不是名声，也不是工作，而是关系。与身边的朋友、家人或社群有良好、温暖关系的人，不但比较健康，也比较幸福。

财富、工作关系到个人能否满足自身生活的基本需求，而名气和社会地位会为人带来成就感，我们无法完全否认它们的重要性，但它们绝对不会是人生唯一重要的事情。当我们牺牲生命中其他重要的事物来换取这些东西时，我们将会付出更为惨痛的代价。

就像家宝与他的父母一样。

当父母将家宝视为社交炫耀的物品、传宗接代的附属品，只关心会影响他未来发展的学习成绩，而忽视家宝的想法、感受以及身为人的主体性，将自己的需要和家宝的需要画上等号，用一种对待宠物的方式来对待他——乖就好、不吵不闹就好时，家宝也会学着用这种方式去对待父母。

当家宝将父母视为提款与提供生活照顾功能的工具，无视父母的想法、感受以及他们为自己所付出的时间和精力时，父母也会用同样的方式无视他、放弃他。

一旦关系长期陷入这种恶性循环中，没有人主动做些什么去打破时，这段关系就难以修复，再也回不去了。

时常审视生命的核心

当社会整体氛围都理所当然地将每个独特的个体，视为推动经济前进的工具，还将所有问题与责任归咎在个人以及家庭身上时，最终必然会被这种氛围扭曲、挤压而变形的人心反扑，创造出像家宝这样沉溺在物欲里的罪犯，付出毁灭性的代价。

因此，个人、家庭乃至于整个社会，都必须提醒自己，要常常审视自己奉为圭臬的生命核心究竟是什么？是否需要做出调整以及如何调整？以免在无意间迷失而不自知。

→如果你认为父母必须满足自己的所有需求，并要为自己的人生负所有责任的话……

＊家，需要所有家庭成员共同经营，每位成员都有责任。

＊父母有教养子女的责任，但这责任只需尽到子女成年为止，不是永无止境的。

＊想想自己有没有尽到为人子女的本分。

＊审视父母的问题时，也请以同等标准审视自己的问题。

＊希望父母对自己包容、付出前，先想想自己有没有同等地包容与付出。

＊想想自己是怎么对待父母的。

＊希望父母关心、照顾自己的同时审视自己是否有同等地关心与照顾他们。

＊做任何事情前，先想想后果，以及对自己、对别人、对父母可能造成的伤害。

＊想想被伤害后的感受。

＊停止伤害的行为。

→如果你认为成绩是子女求学过程中唯一重要的事，家长只需要提供物质满足的话……

＊学习成绩可能会影响子女的未来发展，所以，学习成绩很重要；但影响子女未来发展的因素不只有成绩，成绩以外的人际交往、行为、品行、自我控制等能力也很重要。

＊重视成绩，也要重视成绩以外的所有事情。

＊基本的物质需求能满足子女成长所需，但成长所需的不只是物质，还有心理层面的支持，而这需要父母很多的引导。

＊父母的陪伴能为子女的身心提供养分，跟物质满足同等重要。

＊父母的陪伴不只是陪伴，并且会停留在子女的大脑神经回路中，内化在他们的心里，持续地滋养他们。

＊再怎么忙都要留时间给子女，陪伴他们，常和他们

沟通。

　　＊亲子互动发生问题，必须尽早处理，必要时可以寻求专业的人员进行协助，例如，可以跟子女说："对于你的现状，我们很关心、很担心，也很重视，希望我们可以好好讨论一下并且提出彼此调整的方法。"

找回生命意义的思考练习

我们可以常常提醒自己，思索以下几个问题：

一、我认为生命中最重要的事情是什么？我这样认为的原因是什么？

二、我花了多少时间与精力在这些我认为重要的事情上面？这样做怎样影响了我的生活？

三、我如何对待身边的人？特别是那些对我来说最重要的亲人、朋友？

四、我有没有看见身边的人为我付出了什么？我如何回应他们的付出？我又为他们做了什么？

五、整体社会氛围向人们传递出了什么样的价值观？特别是关于人生，什么是重要的、什么是不重要的？

六、社会传递的价值观怎样影响着人们的生活？作为一个独立思考的个体，如何看待这样的价值观？

七、我们可以做些什么来影响社会所传递的价值观？

八、我们可以做些什么来影响身边的人以及下一代？如何让健康有益的价值观流传下去？

09

你要什么我都给你了，
为什么你还觉得不够

用百依百顺取代教育责任

"你这个不知长进的不孝子，枉费我们这么疼你，整天游手好闲，老是跟你这些狐朋狗友混在一起，真是没救了你……"

钦世脑海中不断想起那日父母当着自己朋友的面，说的让他感到难堪的话语。

"都是你们的错！谁叫你们让我没面子，谁叫你们不给我钱，反正那些钱迟早都是我的……"钦世边将汽油泼洒到这个他住了几十年的房子、养育他长大的家里，边在口中念念有词。

是什么让这段温暖的家人关系，变成了恐怖的仇人关系？

变质的王子

钦世从小备受呵护，富裕的父母对他极尽宠爱，让他穿最好的衣服、吃最好的美食、用最好的东西，衣来伸手，饭来张口。

开始上学之后，钦世希望能有一个舒适的个人房间，于是父母请专人替他打造了特制的大套房，里面有电视、电脑、平板、冰箱以及整柜他最爱的玩具、游戏，全都是刚上市的新品。只要他开口，父母几乎是任他予取予求，要什么给什么。

高中时，父母在钦世的要求下，买了摩托车给他，爱出风头的他，将摩托车的消音器拔掉，把摩托车改造得又酷又炫。此后，钦世经常骑着摩托车到处打架闹事，成了让警方头痛的人物。大学时，父母又买了汽车给钦世，一心只想玩乐的他，经常开着车到处玩，大学念了五年还是无法毕业。

因为求学不顺，父母只好让钦世到家族企业下的工厂上班，他却嫌辛苦，不愿帮忙。他算过，父母的总资产足以让他花到下辈子。既然家里这么有钱，为什么还要工作呢？于是，他每天拿着父母给的大把钞票，游手好闲地四处游荡。不甘寂寞的他，到处呼朋引伴，结交了许多酒肉朋友，时常出入酒店、赌场等场所，甚至开始吸毒。

父母给的生活费，逐渐满足不了钦世的巨额开销。对钱索求无度的他，常常为了拿到更多的钱与父母争吵。

钦世出生后，父母曾经觉得幼时的他聪明伶俐，是与众不同的存在，将来一定能继承家族事业，并将之发扬光大，因此非常溺爱他。他们觉得若是给他所需要的一切，顺着他的本性发展，他自然就会发展成杰出的人才。因此，父母也不曾对他的行为有过任何严厉的指正，但他们万万没想到，这样一个如王子般捧在手心上的独子，如今却变成家里最大的灾难。

看着钦世的行为越来越出格，父母感到非常痛心。某次钦世在家中宴请一群酒肉朋友时，父母忍不住当面指责他非但不求上进，还败坏家风，净结交些狐朋狗友。这番指责让钦世怒火中烧，用力推了父母几把，大骂脏话后夺门而出。

心有不甘的钦世离开家后越想越气，买了几桶汽油，预谋纵火烧死父母，再佯装成意外事件，借此诈领保险金，并顺势继承父母所有遗产。他开始找了几个"朋友"商量纵火细节……

到了计划纵火当天，钦世一伙人因为太紧张，在泼洒汽油后点火时烧到了自己，一行人都受伤送医，而他们纵火引起的火势也很快被扑灭。

康复后的钦世等人被判为重罪入监服刑。父母则对钦世彻底失望，搬离住所，销声匿迹，与钦世从此一刀两断，不再联系。

得寸进尺的贪婪

无聊背后的存在空虚

无聊是很多人的心理状态。

这世界发展出五花八门的方式，协助人们来对抗无聊，除了各种游戏机、网络游戏之外，网上的各类聊天室、社群网站、视频网站、多元的电视节目、电影、大型购物中心、游乐园等，也都能让人打发时间。

矛盾的是，越来越多的外界刺激，带来的却是更多的无聊。为了减少无聊，人们进一步追求更多的刺激，也因此陷入无限恶性循环。

心理学家桑蒂·曼恩（Sandi Mann）观察到，许多人因为无聊，从而惹出了各种事端，包括赌博、吸毒、情色、暴力等；而有些人则是通过冒险的极限运动来驱散生活中的乏味；另外一些人则沉溺于美食或购物之中。

无聊其实和过度安逸有很大的关系。**精神医学家弗兰克尔认为，无聊是一种存在空虚的特征，当一个人的心理处在一种可怕的空虚状态时，就会出现一些为填满空虚而产生的行为，包括酗酒、犯罪、强迫症、过度纵欲、不怕死地冒险，而这些是寻找生命意义时失败的表现。现代人的两难在于不**

再顺从本能指引我们必须做什么，也不再听从传统教导我们必须做什么，但也不知道自己到底想要做什么。

含着金汤匙出生的钦世便是如此。富裕的家境让他衣食无忧，即使不工作也能过着优渥的生活，他不听从父母师长的教导，认真向学，培养一技之长，不知道也不去寻找自己的目标，过着游手好闲、什么快乐都想享受，却又什么努力都不想付出的空虚生活，放任自己成为欲望的奴隶，终至末路，他还想拉家人陪葬。

得寸进尺的溺爱

斯坦福大学的社会心理学家乔纳森·弗里德曼（Jonathan Freedman）和斯科特·弗雷泽（Scott Fraser）曾做过一个特别的研究。

他们让研究人员假扮义工，向部分民众说明该地区常出现交通事故，询问他们是否有意愿在院子里竖立巨型的"小心驾驶"告示牌。告示牌非常大，大到可能破坏住家和花园的外观。结果，只有极少数的居民同意。

接着，研究人员找了另一部分民众，用同样的理由，征询他们在院子里设立一个不会影响住家与院子外观的小型告示牌，结果多数居民都同意了。两周后，研究人员询问同一批居民是否有设立巨型告示牌的意愿，居然有高达 75% 的居民都同意了。

这就是"得寸进尺"，先由微不足道开始，再逐渐扩大范围。

被要求的人一开始觉得这要求对自己没有妨碍，又能助人，很容易就会答应。面对随之而来的更大要求，可能会因为之前助人的愉快心理以及正面的自我形象而答应，即使这个要求会影响生活；而提出要求的人，可能也会食髓知味，胃口越来越大，认为对方理所应当要答应自己的要求。

这也是发生在钦世与其父母身上的现象。

钦世一开始的物质需要，对富裕的父母来说不过只是九牛一毛，能让儿子每天开开心心，又能当别人眼中的好父母，何乐而不为呢？但随着时间流逝，父母任其予取予求，让钦世的物质欲望变得越来越强，要求也越来越过分，钦世也将自己的欲望获得满足视为理所当然，如果得不到满足，就是父母的错。父母的一切都是他的，也都要听他的。

至此，父母对钦世来说，已经不再是父母，而是满足他需求的工具了。钦世的内心，在父母"得寸进尺"的溺爱中，已经完全变质了。

金钱与道德

父母从小用金钱来宠爱钦世，即使钦世成年以后不工作，每个月他还是可以从父母手上领取数万元的零花钱。对父母来说，金钱是他们表达爱的方式，他们认为金钱可以让钦世买他需要的东西、过他想要的生活。金钱是疼孩子、让孩子幸福最好的方式。

这样的价值观背后，其实彰显了社会对金钱利益与物质享受的过度重视——有钱就是好的、有钱最重要，有钱除了可以使人衣食无忧外，更能让人过上优渥的物质生活。

然而，金钱真的是最重要的吗？金钱真的能对个人，或对这个社会带来正面的影响吗？

事实上，研究显示，越有钱的人，或社会经济地位越高的人，他们越可能因为对自己的福利特别重视而更加贪婪，而贪婪的心态，让他们在追求个人利益中，倾向于放弃道德原则，使他们更有可能产生更多不道德的行为。心理学家进行了几项研究，证明了这点。

这些研究包括了：

一、驾驶代表高社会经济地位的昂贵品牌汽车，比驾驶一般品牌汽车的人更容易在十字路口违规转弯，也更容易不礼让行人先过马路；

二、社会经济地位高的人比社会经济地位低的人，更容易表示自己在某些情境下会从事不法获利的行为；

三、社会经济地位高的人比起社会经济地位低的人，会吃掉更多研究者表示要留给附近实验室儿童吃的糖果；

四、社会经济地位高的人贪婪的态度比其他人更为明显，而贪婪态度会影响他们在担任某项工作的雇主时，决定是否告诉求职者关于该工作稳定度的真相；

五、从社会经济地位高的人的贪婪态度来看，可以有效预测他们在实验活动中为了获得现金奖励，出现作弊行为的可能……

研究者分析这些研究结果后发现，整体而言，社会经济地位高的人在自然情境与实验情境下，都会比社会经济地位低的人出现更多不道德的行为。研究者认为，之所以会有这样的现象，可能是因为社会经济地位高的人的职业具有较高的独立性和隐私性，让他们比较少受到约束，因而降低了他们对不道德行为有关风险的觉察力，而他们也有更多的资源来应对发生不道德行为可能要付出的代价。

此外，社会经济地位高的人独特的内在自我结构，也可能是影响他们重视个人权利而忽视行为结果的因素，他们关心自己的目标，而不在意他人评价的状况，可能导致产生更多不道德行为的倾向。在这些因素的综合影响之下，形成了社会经济地位高的人的独特文化，促进了他们不道德行为的发生。

研究者认为，更多的资源以及减少依赖别人的环境，会塑造自我中心的认知倾向，进而强化"贪婪是正面的"的价值观，而经济学教导人们要将自身利益最大化，也可能导致人们将贪婪看成是有益的。在组织中担任领导者的社会经济地位高的人士，更有可能接受过以经济学为导向的训练，加上他们身处强调自身利益的环境中，使他们更容易形成"贪婪是好的"的价值观。

但研究者也强调，社会经济地位高的人中，还是有像比尔·盖茨等致力于慈善事业者，因此社会地位与不道德行为之间的关系不是绝对的。但追求自我利益确实是社会精英阶层根本的动机，对财富与社会地位的匮乏感会促进不道德行为，而有利于增加个人财富与地位的不道德行为，加剧了社经地位的落差，促使了人们维持追求高个人利益的动机。

在金钱中长大的钦世，他的眼里没有父母，只有利益；他的心中没有温度，只有贪婪。利益与贪婪的养分，培育出了毫无自省能力、自私自利的怪物。

物质的满足无法满足一切

失控的金钱欲，使人物化周遭的事物

生命存活需要水，但超过身体所需的过量水分，会导致血液内的电解质被过度排出体外，体内电解质如果降至低于安全标准的浓度，便会引起低血钠症，影响脑部运作，最严重时甚至会导致死亡。

金钱也是如此。金钱是满足基本人类生理需求所不可或缺的资源，但不断追求远超过所需的金钱，并用金钱填满生命所有空隙时，反而会造成问题。

过量的金钱会排除其他生活所必需的养分，特别是心理层面的养分，使人眼里只剩下钱，觉得所有的问题都可以用钱来解决，相对地，没有钱，就什么都不会。

利益至上将带来毁灭性的结果

以极度势利的眼光看世界时，所有人的价值都可以被金钱所衡量，也可以被金钱所取代。一旦至此，生命将不再是生命，人也将不再是人，而是一种获取金钱的工具，一旦无法获得金钱，就失去了价值，随时可以被毁灭丢弃。

对钦世来说，金钱是他的衣食父母，是解决所有问题的

"万能钥匙"，更是他的全世界，只要是为了钱，其他什么都可以舍弃，包括他的人性。

对金钱看重至如此地步时，金钱就变成一种会让人成瘾、陷入病入膏肓境地的可怕毒药了。而一再沉溺在这种"毒药"中，饮鸩止渴，将会使自己不再是自己，而是受金钱与本能欲望驱使的奴隶罢了。

→如果发现自己对金钱的追求程度，比周遭的人更加强烈……

＊父母所提供的金钱支持，是出自对子女的疼爱，而不是理所当然的。

＊想想父母的付出与疼爱，审视自己的回应。

＊金钱很重要，能买到很多东西，但也要认清很多东西不是金钱能够买到的，特别是人与人之间真心的情感与互动。

＊若把一切事物的价值都用金钱去衡量，那同样也会被别人用金钱衡量自己的价值。

＊如果只用金钱来跟人互动，只会结交到受金钱吸引的人，而一旦失去金钱这个基础，这些人自然也会因为没有油水可捞而鄙视你、离开你。

＊除了金钱以外，你还剩下什么是值得别人肯定的？值得自己肯定的？

→如果因为疼爱子女，就用满足他们所有物质要求的方式疼爱他们、讨他们欢心……

＊成长过程中如果只有金钱和物质的养分，子女长大以后自然只会认得钱，只懂得追求无止境物欲的满足。

＊可以满足子女适度的物质需求，但也要教导他们学会分辨与控制自己的物欲，而不是被物欲反牵着走。

＊教导子女有计划地使用金钱，以及财富的合理使用方式，而不是放任其随意挥霍。

＊让子女明白，钱固然很重要，但这世界上还有很多比金钱更重要的事情。

＊让子女知道，金钱是父母努力工作得来的，不是理所当然的，让他们知道父母的辛苦与付出。

＊适时地表达对子女的爱。

面对物质欲望的思考练习

　　金钱的魔力很容易让人蒙蔽双眼，以物化的观点去衡量所有事情，因此在面对金钱的诱惑时，可以好好想想以下几个问题：

　　一、金钱的功能是什么？用途有哪些？

　　二、什么是用金钱买不到的？

　　三、想一下自己主要把钱花在了哪里，是花在生活必需品上吗？还是非必需的奢侈品上？如果是后者，可以思考，自己从这些奢侈品中获得了什么？这些奢侈品最后到哪里去了？留下了些什么？

　　四、我所想要的东西，是不是我真正需要且会用到的东西？

　　五、还有什么是跟金钱利益同等重要，甚至更重要的事情？如何把握或经营这些钱以外的重要的人、事、物？

　　六、我是否常会用金钱衡量别人或自己的价值？个人的价值是否还可以用钱以外的什么标准来衡量？

　　七、我花多少时间和精力在追求超过生活所必需的金钱上？这对我的生活有什么影响？

IV

自我的物化

每个人都希望自己是特别的，

因此，我们竭尽全力，想证明自身的价值。

无论是无止境地向上爬，成为工作狂；

或者是贬低别人，抬高自己；

抑或是吹毛求疵，追求完美无缺的表现……

都是为了证明自己。

然而，我们都有想法、有感受、有喜怒哀乐，

我们的存在不是为了顺从那些外在的评价和标签，

而是为了展现自己的独一无二……

10

我一定要努力向上爬

用世俗的成功定义自身价值

约翰想要改革公司，让公司从只追求营业额的利益至上，转变成愿意兼顾顾客身心健康的良心企业，他认为赚钱与公益，只要拿捏得当，两者并不冲突。

约翰把这样的理想，告诉彼得。

两人是工作上最重要的伙伴，在工作上的理念、做法都非常契合。约翰相信彼得可以理解他的理想，而彼得听完后也表示非常赞同。

然而事后，彼得却私下集结了公司对约翰的反对势力，最后逼得约翰黯然离开。

是什么让这段合作无间的伙伴关系，变成水火不容的敌对关系？

没有极限的成长与进步

陷入利益的黑洞

约翰是一家社群网站公司的负责人，网站从上线之初就广受欢迎，吸引众多网友注册加入。通过网站的广告收入，公司每年营业额可以达到上亿元，后来公司还上市了，前景无可限量。

　　为了将公司维持在巅峰状态，赚更多的钱，约翰一直想扩大公司的规模。他要求员工将网站的服务推陈出新，以此不断吸引新用户，还与游戏公司合作，在网站上架设免费的游戏平台，通过网站搜集的既有数据，分析使用者的习惯、偏好、互动对象等，设计出许多让人痴迷的游戏。

　　游戏公司的老板是彼得。两人时常讨论如何通过搜索引擎、网络广告与意见领袖代言等方式，再度扩大自身的影响力，并让公司的利润不断增加，毕竟，这是支撑公司运作的根本，也是公司事业的基础。

　　他们无法忍受停滞，无论是公司还是自身。因为停滞就代表落后，他们不想像那些不求上进、庸庸碌碌的井底之蛙一般，他们必须要出类拔萃、日日精进，知识、技能以及资产都在相似领域中维持领先。他们非常享受一直往前迈进的感觉。

利益黑洞的崩塌

　　随着几款游戏社交平台的风靡，也引发了知名学者的讨论与关注，他们注意到沉迷电子产品、网络与游戏给人带来的负面影响，特别是对儿童与青少年有严重的伤害，所以陆续对人们提出警示：电子荧幕不但会改变人脑区的神经联结，还会破坏脑功能，而强烈的声光效果更会降低大脑对周围环境的敏锐度，造成自身分辨虚拟与现实的能力受损，严重的话，甚至会进一步导致注意力缺陷综合征、情绪障碍，甚至幻觉、幻听等情感性精神疾病。不安全的在线环境、网络社交，更会助长诸如人口贩卖、网络霸凌以及校园暴力等犯罪行为的发生。

学者们的大声疾呼，当然对整个游戏行业的经营形成了挑战。但直到有一天约翰发现自己处于青春期的女儿，竟然也在凌晨时分，偷偷玩着自己公司开发的游戏时，他以利益为尊的意识瞬间崩塌了。

约翰突然意识到，到底为什么要进步？要进步什么？怎么进步？进步到哪里去？他现已拥有一辈子用不完的财富，即使不再工作，他和家人也绝对可以衣食无忧。回顾过去，他发现自己卡在"不得不往前"的旋涡中，不断缔造事业新纪录，无止境地拓展事业版图，完全没有活在当下，也无视了眼前许多珍贵的人、事、物。

于是，约翰决定进行改革，他不再以利益至上，而是将大众的身心健康作为商品研发的考量重点，这也直接导致了公司的收益下降，并且引发了彼得与股东们的集体反对，认为他不再适任董事长职务，要求他交出公司的经营权。

彼得认为，约翰已经不是以前那个约翰了，而是两人合作过程中的叛徒。失去争强好胜的企图心的约翰，不过是个持续退步的庸俗分子，只会给他的事业带来阻碍。

对彼得来说，成就与金钱就是他生存的价值，一旦停滞，就等于否认了他人生的价值，凡是阻碍他前进的都是敌人。他以为约翰跟他一样，能够理解那种不顾一切、勇往直前热血沸腾的感觉，可以跟他一起追求活着的"前进"感，可惜，他"看走眼"了。于是，彼得虽然表面上支持约翰，称赞他是个有理想和社会理念的企业家，但私底下却动用人脉和财力煽动与赞助反对约翰的势力。因为现在的约翰对他已经没有任何利用价值了。

约翰在这种局势下黯然离开，放弃了这份从无到有、由他辛苦建立的事业，他也转而将专业与精力投注在推动社群网站和游戏改革的运动中，成立了独立学术研究单位，让有志于此的学者、专家，可以共同研究降低网络和游戏对人们伤害的方法，并将之大肆推广。约翰与彼得自此分道扬镳，原本的伙伴关系完全转变为敌对关系，再也回不去了。

追求更好的精英情结

无止境进步的文化氛围

在如今各方面都日新月异的时代，永远都有推陈出新的知识、技术、观念，几乎所有的事物都在不断更新。因此，从小我们就被教育要不断地努力、持续地学习，让自己可以不断地向前迈进。"学无止境，不进则退"形成了整体的社会氛围，人们期盼整个社会可以永远往积极的方向前进。

当鼓励进步的氛围极端地膨胀后，对某些人来说，反而会成为一种无法脱身的内化诅咒，让个人像是成了一台不得不前进的机器，好像一旦停下前进的脚步，就会落后，接着就会被边缘化、被淘汰，最后流离失所。这种害怕停滞的恐惧，让个人将时间视为敌人，在追求无止境的进步中，将自己一生的精力消耗殆尽。

约翰和彼得正是深陷在过度膨胀的"无止境向上提升"的价值体系里，对眼前的一切视而不见，只将眼光聚焦在未来那个可以无限制向上爬的自己身上。他们自以为主宰了自己生存的价值观，其实不然，反倒是被自己以外的文化体系所支配却不自知。

欠缺自觉的内侧前额叶皮质

我们大脑中的内侧前额叶皮质是调控情绪、动机等的地方，还有社交与行为决策等功能，容易将别人评估自己的看法，当成我们对自己看法的替代品。科学家用功能性磁共振成像做了一系列的实验，证明了这一点。

认知神经学家埃米尔·拉兹（Amir Raz）找来受试者接受催眠，让他们看颜色名称与墨水颜色相同（如用红色墨水写上"红色"两个字），或是颜色名称与墨水颜色不同（如用红色墨水写上"蓝色"两个字）的字，墨水颜色与颜色名称相同的字，因为没有认知冲突的问题，所以在这种状况下被辨认出来的速度，比两者颜色不同的字快。

高度易受催眠影响的受试者，会将文字视为没有意义的字母，因此他们辨识颜色名称与墨水颜色不同的错误搭配的速度比不易受催眠影响的受试者快上许多。拉兹检查两者之间的神经差异，发现关键在于内侧前额叶皮质的反应不同。

认知神经科学家利伯曼的实验，也证明了内侧前额叶皮质是大脑中受外界影响的关键。他们找来一群受试者，先询问他们对于使用防晒产品的态度和习惯，接着让他们进入大脑扫描仪中观看皮肤医学会等单位对于使用防晒产品的说服信息，一周后再确认他们使用防晒产品的实际情形。

结果发现，大脑内侧前额叶皮质的活动，可以精准预测研究受试者是否被说服使用防晒产品，而且效果远比受试者口头表达使用与否的预测力还要好。事实上，受试者口头告知研究人员的使用情形与实际状况关联度很低；而内侧前额叶皮质反应越活跃的，事后越会增加防晒产品的使用量。

科学家进一步做了类似的研究，他们让参与者观看甲、乙、丙三个戒烟广告，询问那些抽烟的参与者觉得哪个广告最有效，他们的排序由高至低是乙、甲、丙。但由实验当天（戒烟前）以及实验结束一个月以后（戒烟后）肺部一氧化碳浓度的生物测定（可衡量抽烟多少）发现，其实广告丙的效果最好。而这样的实际结果，与内侧前额叶皮质活跃程度的预测结果相同。也就是说，内侧前额叶皮质的预测效果优于参与者自行回报的内容。

这些研究结果显示，信息进到内侧前额叶皮质改变人们的想法后，会驱使人们去执行改变的行为，但个人对信息造成的内在变动，却毫不自知。研究同时也说明了，人们除了不擅长预测自己的行为外，也很容易受到外界的影响而不自知。

"不断向前进步""利润越多越好"的进步主义文化价值观，就这样根深蒂固地钉在约翰和彼得的内心，主导着他们的事业与人生目标，蒙蔽了他们可以看见当下的目光，功成名就的人会飘飘然。他们不能理解，他们赖以为生的人生意义与个人价值，或许不见得是他们真正想要的，而是不断鼓吹创造消费的社会氛围，植入他们脑海中的一种迷思。

对幸福的错误认知

赚更多的钱是很多人推崇的目标，也是约翰和彼得的人生目标，但这真的能让人幸福吗？

研究显示，金钱与幸福的关联其实没有想象中大。伊斯特林悖论（Easterlin Paradox）指出，更多的财富不见得可以带来更多的幸福。有学者发现，1946 年到 1990 年美国人的收入水平增加超过一倍，但幸福感没有任何增加；在 1958 年到 1987 年间，日本国家实质所得增加了 500%，但日本国民幸福感却维持在原本的水平。

许多的研究都得到了类似的结果，只有当所得低于贫穷线时，增加金钱才会显著提升幸福感，但当所得高于贫穷线，基本物质需求得到满足时，所得的提高，对提升幸福感的影响非常有限。相较之下，人脉与关系（例如婚姻、交友）等社会因素对提升幸福感的正面影响，则高于所得因素。

定义自己的，不是成就与地位

认清自己创造的"永生幻象"

在鼓励追求权势以及名利的西方社会中，即便人们已经拥有足够的财富，也还是会将时间和精力耗竭在追求远超过自己所需的资源上，以压榨、欺骗甚至伤害的方式，贪婪地吸取别人的血汗来抬高自己，活在虚幻不实的未来中，创造出一种仿佛可以让自己无限地延伸到未来，而不会死去的"永生假象"。最后，不但毁了别人，也毁了自己。人们对这种无限进步的虚幻"永生假象"着迷不已，不惜以破坏环境和牺牲同类与其他物种的方式，来创造出远超过自己需求的奢侈品，以证明自己的无所不能，代价却是连同整个地球一起陪葬。

如同彼得和当初的约翰，他们明知公司创造的产品对人的负面影响越来越多，却为了获得远超过自己所需的财富和成就感，无视对产品使用者的伤害（网络与电子游戏成瘾已经是世界性的严重问题，也被相关的医疗卫生组织正式列为一种疾病），以各种不实的手法中性化甚至美化他们所造成的伤害，最后给整个社会带来了难以修复的伤痕，而他们自身却仍沉浸在这种"永生幻象"中不可自拔。

接纳"无根"的焦虑，重新审视自身的价值核心

我们也很容易跟约翰与彼得一样，迷失在"无止境向上提升进步"或"无止境追求更多财富"的循环中，借此否认个人的有限性。

哲学家大卫·休谟（David Hume）曾说："不可能有永无止境的进步，也不可能每件事一定要有别的理由。有些事本身就是理由，因为它符合人的情感。"

无止境地追求名利，可以让人们有种不停进步、将个人无限延伸到未来的强大感，这样的强大感，可以暂时回避所谓的"无根焦虑"——这是指当人们意识到对自身生活拥有如何设计、架构的自由，以及该自由所赋予的绝对责任，而无法将自身的责任推给自己以外的任何人时，所产生的焦虑。而回避这种焦虑，将使我们沉浸在虚幻的良好自我感觉中而尚不自知。

这是很危险的，我们会因此迷失了自己，忽略了自己真正重视的方面，如警醒后的约翰突然领悟到，对他而言，真正重要的并非不断累积超过他需求的财富，而是好好地陪伴家人，并运用自身能力替家人以及其他人创造一个好的生活环境，而过去的他，却做了许多违背这些理念的事情，令他懊悔不已。

→如果你发现自己每分每秒都在追求更高成就，穷尽毕生精力都在追求更多财富……

＊想想追求远超过生活所需的金钱所付出的时间、健康，以及无法陪伴家人等各种代价。

＊拥有远超于生活所需的金钱，带来了名气、权力，却不见得有对等的幸福感。

＊不择手段追求庞大利益的过程，可能会伤害到许多人。

＊想想这些受伤害者的感受。

＊想想自己在工作上为下一代树立了什么样的典范。

＊审视自己生命的价值核心。

让不断前进的自己可以喘口气的思考练习

当我们在追求财富或工作上的成就时，可以思考以下几个问题：

一、我追求财富或工作上的成就，是基于满足现实生活需要，还是已经远超过我所需要的？

二、超时超量的工作，是为了让自己有种不断进步升级的满足感？还是为了消除停滞带来的空虚感或毁灭感？

三、我追求财富或工作成就的方式，是否给他人造成了严重的伤害？我是如何处置、应对这些伤害的？

四、我会希望别人用我对待别人工作时的要求，来对待我或我亲爱的家人吗？

五、在追求财富或工作成就的过程中，我采用的方式会对他人的处境或感受造成什么影响？我会希望这种影响出现在我或我亲爱的家人身上吗？

六、在从他人身上或社会中获取资源来成就自己时，我想过自己应该承担的社会责任是什么吗？我可以为他人或社会付出或贡献什么吗？

即便是我们可以借由自己的努力创造出财富与成就，但不可否认的是，我们也一定从这个社会或他人身上，索取或掠夺了有限的资源，而这并不是理所当然的，个人再怎么杰出，也一定需要外界的滋养才能成长。如果忘记这一点，只着眼于个人利益，无视对他人的伤害，终究会为自己带来灾难。

11

你们这些人都比不上我

靠优越的表现来贬低他人

一回到家里，蓓姬就把在公司累积的怒气一股脑儿地宣泄出来。

　　"我明明比公司的任何同事都要优秀、有能力，但是居然有人不赞同我提出的建议，也不优先把大案子交给我，难道我跟那些平庸的人没有差别吗？你说我气不气！"

　　"别气、别气！爸爸知道你是最棒、最优秀的！是他们不懂，他们都在嫉妒你、打压你！"爸爸轻声细语，温柔地安慰着蓓姬。

　　事实上，除了蓓姬的爸爸以外，蓓姬身边的人几乎都不喜欢她，她的狂妄与傲慢往往让人喘不过气。

　　是什么让这位爸爸眼中甜美可人的优秀宝贝，变成了旁人眼中充满压迫感的自大狂？

虚假掌声中供养而成的"公主"

人脉积累而成的权力

　　靠着握有公司多数股份的父亲，本身学历和资历等客观条件也足够亮眼的蓓姬，以空降的姿态，走后门进入了公司"

的管理阶层。进公司后,她"讨好"公司的高层,拓展自己的人脉,以获得更多的权力,她争取到了几个重量级的大案子,带领所在部门在公司"大出风头",甚至登上了媒体版面。有了这些优越表现的"加持",再加上公司高层的信任与放任,蓓姬便开始肆意妄为。

她理所当然地利用上班时间外出,甚至在外面兼职赚外快,兼职收入已经超过她本职的收入,但她仍不满足。她不仅姿态越来越高,对同事颐指气使,还把她在公司的分内工作,尽数分派给其他人做。

在公司的时间,她多半用于处理私人事务,跟本职工作有关的重要活动她也不愿出席,只是不停地对家人、公司高层,还有公司外的友人抱怨,她有多么繁忙、多么重要,有多少猎头想要挖她,然而,公司对像她如此"忠心耿耿"的员工,却还不给予更优渥的待遇、更宽广的舞台。她觉得自己这么年轻就能身居高位,显然比这里的其他人都要优秀,她应该得到的比现有的更多才对。

因为耐不住蓓姬多次的抱怨,父亲动用了自己的关系,又让蓓姬破格升职。公司的同事们早就对蓓姬积怨已深,看到她这种不负责任的工作态度竟然还可以升职,觉得这简直是难以置信。虽然多数人都不满蓓姬的傲慢自大,但大多都敢怒不敢言，面对她的高姿态大多表现得唯唯诺诺，没人愿意成为破坏表面和平假象的人。

于是，蓓姬主导下的部门也开始有样学样：资深的同事开始效仿蓓姬欺负资历浅的同事。这些原本对蓓姬的所作所为感到不齿或不屑的同事，渐渐地在这种办公室文化中，不知不觉变得跟蓓姬一样了。

认真努力争取而来的权力

身为职场新人的正婷，在前辈欺负后辈没人管的办公室文化下，被指派了最多的工作，然而，她的薪资却依旧少得可怜。她常常在半夜或凌晨收到蓓姬或其他同事交代工作事项的短信，工作压力几乎让她喘不过气，但考虑到公司福利待遇稳定、制度完善，她不甘心，也没有本钱离职，因此，她只能把对自己不合理的对待都吞了下去。过了几年，公司陆续招聘了新人，正婷终于成了资深员工。以往那些欺负她的前辈告诉她，她熬出头了，可以把工作再往下分派给新人了。

但正婷却没有想过这样做。她在新人刚进公司时，私下告诉他们这几年自己的经历，新人们也发现整个公司真的就如正婷所说，弥漫着这种不合理的办公室文化。

正婷告诉新人们，她想要跟他们一起合作改变这个办公室风气。因此，一群有相同理念的新人在正婷的号召下，利用公司的各种会议积极发声。也因此正婷被蓓姬盯上，处处被针对、被刻意刁难。

　　正婷其实也很害怕与人发生正面冲突，但她觉得一定要做些什么来改变当下不合理的现象，因此她告诉自己，不要屈服于害怕的情绪，要让大家看见这些不合理的现象；她也鼓励自己，要为新人树立好榜样。她不但没有因为公司高层的施压而退却，反而更积极地站到了反对不公的第一线。

　　越来越多的人看到正婷的不畏强权、仗义执言，却不停遭到蓓姬的打压，纷纷主动跳出来声援，认为正婷不该遭受如此对待，表示愿意跟正婷共进退。这些人不仅非常团结，勇于拒绝不合理的要求，同时对于分内事务依然全力以赴，没有任何毛病可被挑剔，再怎么骄纵的蓓姬，也不敢无视众怒，只能是收敛自己夸张的行为，办公室风气也从此被慢慢扭转。

没有人强大到不可取代

缓解焦虑的优越感

存在心理治疗师亚隆认为，生活中许多困扰背后的根源，都与恐惧死亡有关。对某些人来说，死亡焦虑就像是背景音乐，生活中的任何风吹草动，都可能会勾起我们对于时光一去不复返的感叹。

哲学家克尔凯戈尔也有类似的看法。他认为，人们害怕成为无物，丧失自己。罗洛·梅进一步提到，这种焦虑会同时从各方面来攻击我们，当我们无法定位这种焦虑时，就无法去面对，使之成为一种可怕的寂静，进而引发无助的感觉，接着产生更进一步的焦虑。

有些人以夸大自身的重要性来转移这种弥漫性的焦虑。这类人总是站在"优于他人"的特殊位置上，仿佛自己是高等物种，而其他人都是得臣服于他的低等生物。这样的人一旦离开"自以为优越"的特殊位置，就再也找不到立足之地，因为恐怖的死亡阴影将铺天盖地从各方面席卷而来。

蓓姬正是如此。大权在握，让她享受着高人一等的感觉，这种通过吞噬他人所得到的强大感消解了个人的有限性所带来的焦虑，让她看不见自己以外的人跟她一样有着自身的独特性，而是将他人视为供自己驱使的物品。她志得意满地活在自我感觉良好的世界中，犹如世界是以她为中心运转的。

内心空虚的她专注在幻想个人拥有无限的权力上，夸大自己的"重要性"与"独特性"，理所当然地认为别人应该无条件地服从她，通过不停地压榨别人来得到满足。她常常嫉妒别人，却又认为别人在嫉妒自己。借由沉浸在这些不实的想象中来逃离自己的空洞无物，逃离恐惧与焦虑。

融入群体的渴望

为何人们有时会变成连自己都不认同的样子？

答案是：为了被群体认同。

社会认知神经科学家利伯曼认为，从我们出生那一刻起，能否与照顾者联结，并从中获得生理需求的满足，就成了攸关生死的最重要的需求。他做了很多研究证实，我们的生物结构天生就被建构成渴望联结。

渴望联结，让人们努力追求被接纳、被喜欢，做出符合群体期待的行为。即便这些行为可能不是自己所认同的，我们也会说服自己这些行为是可以接受的，好当个合群的人，避免被排除在群体之外。

如同小说家刘易斯（C. S. Lewis）说的："想打进某个

核心的渴望及被排除在圈外的恐惧，会占据所有人一生中的某些时期，甚至许多人从婴儿时期至垂垂老矣，终其一生都被这些信念占据……在所有热情之中，成为圈内人的热情最善于让本质不坏的人做出罪大恶极的事。"

害怕被群体排除在外的恐惧会使人否定个人的自主性，做出连自己都不认同的服从权威的行为，以求成为主流社群的一分子。

这是因为权威往往是主流力量的象征，获得权威的认可，在某种程度上也代表符合主流社会的期待，表示我们可以在团体中占有一席之地，得到众人的关照，而权威也从服从者身上得到肯定的能量，紧密地与服从者连接在一起。

我们可以在某些聚会或群体中看到这样的现象。自诩拥有某种神力的浮夸领袖，号称可以为大家带来福利，即便大多数人都能明显判断其言行不符合常理，而后续的事实也证实了该领袖不过是谎话连篇，但依然会有人为了找到归属感、逃避现实真相的焦虑，而盲目地追随。当追随者越来越多，领袖与追随者会互相强化，成为一个牢不可破的高凝聚力团体，进一步吸引更多的人投入其中。

这也是为什么蓓姬的同事们即使对蓓姬不满，却还是选择顺从。因为蓓姬是办公室中握有权力的人，如果不服从她，就有可能被边缘化。而蓓姬也因为他们的顺服，满足了被认可及与他人联结的需要，进一步强化了她的自以为是。

降低盲目服从的关键

正婷之所以能够成功地推动"改革"，最重要的因素，在于她不但没有随波逐流，没有以前辈之姿压迫新人，而且以身作则，为新人树立良好的榜样。正婷所做的，是降低盲目服从的关键。

与权威或主流发生冲突，必须冒着被排除于团体之外的风险，这对身处原始环境中的个人来说，是莫大的生存威胁。这威胁感一直留在我们内心深处，成为一种直觉，即便在文明世界，威胁感仍如影随形。而与权威、主流融合在一起，可以暂时消除这种威胁感带来的不适。这便是多数同事在面对蓓姬的跋扈时选择再三隐忍，甚至最后变成同路人的原因。但这种应对方式，会把人们变成彼此互相利用的工具，进而复制更多的伤害。

优秀不等于指使他人的权力

停止将他人当成隔绝不舒服的工具

其实，蓓姬与正婷所面临的工作困境，都与恐惧死亡有关，即便他们没有主观意识到死亡焦虑，但都深受它的影响。积极争权夺利的蓓姬，借由剥削他人，将群体并入自己的一部分来膨胀自我，转移死亡焦虑，但死亡焦虑无法被消灭，一直都在，于是，她需要不断地搜集外界的褒奖，追求更多的权力，并持续压榨他人来掩盖焦虑，进而成为对权力索求无度的贪婪者，却永远看不清自己真正的问题。

唯有停止继续将他人当成隔绝不舒服的工具，诚实面对内心的感受，才能找到问题的核心，并加以处理。

相信自己有能力带来改变

每个人都对自己所处的环境有影响力。但只要有一个人愿意站出来反抗不合理的情境，这份勇气就会传递给其他人，持续累积成足以改变体制的巨大能量。

正婷在面对与蓓姬同等的焦虑时，她选择坦承面对，勇敢地与之共处，相信自己，不再将焦虑转嫁至新人身上，才终止了复制伤害的恶性循环。

→如果你觉得自己很优秀，经常希望获得旁人的绝对认可与服从……

＊理解每个人都有自己的长处。

＊打压别人不会让自己更好，只会显示出你的自大。

＊想想被打压者的感受。

＊看到别人的好，别人才会看到你的好。

＊自己的优点并不会因为承认别人的好而减损。

＊常觉得除了自己以外所有的人都有问题时，往往是自己的问题。

＊在抱怨别人的问题之前，要能先检讨自己的问题。

→如果你在职场上遇到自视甚高，经常贬低他人的上司……

＊工作职位高的主管，不代表其所有的想法、做法都是对的。

＊当主管的专业与你不同时，请相信自己的专业，为自己的专业发声。

＊即使是主管，也无权贬低你的个人价值，对你进行不合理的压榨、欺凌。

＊对压榨、欺凌保持沉默，就是告诉主管他这样做没关系。

＊被压榨、欺凌不是你的过错，是掌权者和体制的问题。

＊正视自己不舒服的感受，不要因外界物化自己，而跟着将自己贬低为没有感觉、任人欺凌的工具。

＊面对不合理的压榨，尽可能地寻求同样处境、志同道合者的协助，不要单打独斗。

＊为自己打气："遭受不合理的对待，不是因为我个人不好，而是制度和掌权者的问题，我已经尽力做好自己的本职工作，我没有做错任何事情，我要抬头挺胸，以自己为荣。"

面对职场操控与服从的思考练习

面对不同关系情境下的应对方式，显示了个人是如何面对内在焦虑的。面对职场上常见的操控与服从，我们可以好好思考以下几个问题：

一、当我发现别人的优点时，我的想法与感受是什么？是佩服、羡慕，还是嫉妒？

二、我是否很难看见或承认他人的优点，甚至会尽可能地否认或掩盖别人的优点？

三、我是不是常常需要别人大量的称赞，希望群体的焦点总是在自己的身上？常常觉得自己是群体中最优秀的人？

四、我是不是常常花很多心思讨好特定人士，以获得更多的权力？

五、我怎样看待职位比我低的人？

六、我是不是常常会想要操控别人，一旦别人没有按照我所说的去做，就会气愤不已？

七、当别人的意见和我不一致的时候，我通常会怎么做？

八、对于权威人士提出的不合理要求，我是如何应对的？

12

为了形象，我绝对不可以犯错

用推卸责任的方式成就偶像包袱

"年轻人做错了事情没关系，但要勇于承认，改进以后还大有可为！"立林在所有实习生面前说。

立林虽然没有指名道姓，但他的眼神飘向梧树。大家都知道，他指的是梧树。

梧树低着头，一言不发。

没有人能想到，眼前这位形象良好、散发着温暖气息的前辈，居然会运用权势，把自己的过错推给实习生。

是什么让这位看似完美的长者，变成了诬陷晚辈的虚伪者？

不能出错的偶像包袱

完美专业的假面具

立林是拥有博士学位的高级主管，受聘负责管理科技大厂。虽然立林拥有博士学位，但他其实只精通一小部分的领域，对各厂区的运营细节也仅有非常浅显的了解。但他认为问题不大，因为他手边有本详述整个厂区制造流程的指导手册，而且每年都会随着厂区的进展与调整进行更新，他会常常翻阅研读，让自己熟悉各个厂区的变化。

多年下来，各厂区在他的管理之下，都稳定地运作着，没有出过什么大问题。最重要的是，即使真的出了什么状况，各厂区都有学有专精的厂长驻守，会及时地介入处理，他完全不用担心自己专业能力不足的问题。总体来说，他是个认真且资深的主管，曾获得公司"优秀员工"的表彰，深受公司高层的信赖和重用。

也正因为他这样的地位，立林被选定为公司新进实习生的导师。虽然立林有着导师的名号，但他只负责督导简单的行政事务工作，专业指导的部分则由各厂区的厂长负责。每年的实习生都经过严格的筛选，个个表现优异，立林实际上根本没教过实习生什么，却依然获得政府颁发的"杰出从业者导师"奖项。

梧树是立林退休前一年指导的众多实习生之一，专业表现优秀，颇受厂长的喜爱。有次厂长因为意外事故临时请假，委托梧树代为处理当天的厂区事务，结果生产线突然出了问题无法正常运作，梧树联络不上厂长，便急忙打给立林询问该怎么办。

梧树其实知道该怎么解决问题，但因为兹事体大，身为实习生的他不敢贸然做决定，加上生产线只要停滞就会造成巨大损失，所以他详细地向立林报告了生产线的运作问题，并说明他所知道的解决方法，想跟立林确认自己的做法是否正确。

立林听了以后，对于排除问题的方法并没有把握，因为各厂区的专业问题一向都是由厂长负责，他知道最好的方法是去请其他厂区的厂长到事发现场，但为了维护他作为导师的尊严，不让实习生看扁，他便从指导手册里找到关键流程图，并回忆之前厂区出现类似问题的排除方法，他心想："论经验，我工作了这么多年，从来没出过什么大问题；论能力，我相信自己的判断应该不会输给一个初出茅庐的实习生。"

于是，立林否定了梧树的处理方式，并告诉梧树应该要怎么做才能正确解决问题。

无法启齿的代罪羔羊

梧树虽然对于立林提出的解决方案心存疑虑，但毕竟他是实习生，而立林又讲得那么斩钉截铁，他也不敢有异议，就照立林的方式去行动。结果生产线当下虽然恢复运作，一切也都看似正常，但隔天厂长回来上班时却发现，产品有严重的瑕疵，全部都要报废，工厂损失惨重，于是他找来梧树与立林，厘清了事情的来龙去脉。

在整个过程中，立林坚持自己的指导没有错误，并将所有责任都推给梧树。立林再三告诉自己，他没有错，他可是获得过公司肯定的"优秀员工"，也是政府认证的"杰出从业者导师"，工作与指导实习生多年，向来兢兢业业，从来没有出过什么大纰漏，因此，他不可能有错。特别是在指导实习生处理这种小错误上，如果是自己的错，还给公司造成这么大的损失，岂不是让所有同事、实习生以及身边的人看笑话？还会被公司惩处，影响自己的退休生活。所以如果有错，那也一定不是他的错，而是梧树这个实习生的错。

即使这样告诉自己，但不知为何，立林的心中仍隐隐感觉到不安。

立林无法接受自己作为这么资深的管理者，竟然连实习生都会的基本的生产线问题解决方法都不会，更不能接受的是，自己误将梧树正确的处理方式判定为错的，给公司造成了巨大的损失，他害怕这会影响到自己预定的退休，也搞砸他在公司与实习生面前树立的"招牌"。为了消除认知失调的紧张感，维持自我的价值感，他欺骗了厂长，更欺骗了自己——他没有犯错，犯错的是那个实习生梧树。

厂长对照了立林与梧树的说法，再向当天执勤的一些员工查证后，心里有了底。因为这不是第一次发生类似的情况了。各厂厂长之间，其实，大家都知道立林的状况，只是没有说破。

"我知道不是你的问题，但立林非常在意自己的形象，多年来努力经营，维持得很好。现阶段你还是先以取得实习证明为重，这件事情你可能要多忍忍，后续如果有什么状况，能帮的我会尽量帮，但你不要跟他产生正面冲突，对你不利，懂吗？"厂长找来梧树，意味深长地对他说了这些话。

梧树听完后，默默地点点头。

事情发生后，立林通过各种渠道，或公开或暗示地宣称这件事是梧树的错。最后，在厂长主动扛起督导不周的责任、自请处分后，这件事才告一段落。

虽然立林完全没有因为该事件被追责，也维持了他苦心经营的形象，但自此以后他就经常找机会挑剔与刁难梧树，并在每次的实习生会议中刻意孤立梧树，让其他实习生误以为梧树在工作上有很大的问题。为此，梧树感到非常痛苦。

还好，厂长的支持帮助梧树撑过了这段难熬的实习期，梧树顺利地取得实习证明，也增强了专业能力。

哲学家弗里德里希·威廉·尼采（Friedrich Wilhelm Nietzsche）曾说："凡杀不死我的，将使我更坚强。"

梧树历经了这些磨炼，在心智与能力上都变得更有韧性。

他凭借着这些历练出来的实力，通过了另一家科技大厂的筛选，成了正式员工。虽然如此，回顾这段经历时，他还是很希望可以有公开澄清的机会，让大家知道当初不是他的错。背黑锅的经历真的很难受，也因此，他到新公司后，只要遇到类似的情形，不管是不是发生在自己身上，他都会勇于站出来说明真相，不让历史重演。他也因此获得公司高层的赏识，步步高升。

至于立林，则是风光地退休。可这风光背后究竟隐藏了多少不堪，资深员工其实都知道。他们都跟立林保持着疏远的距离，他们深知，立林很懂得如何利用别人的工作成果，增加自己的功绩。那些浮华的奖项，不过是空洞的装饰，立林并没有与奖项相称的实质内涵。他们也知道，一旦出了什么事情，他们随时会被立林"出卖"，就像当初他对待梧树那样。他们都知道立林对人没有真诚，只有利用，因此，大家只和他维持着表面和平的假象。

立林对这一切真的一无所知吗？其实，他自己也不太确定。因为他坐拥亮眼的头衔和奖项，工作时却常常感到焦虑、内心不太踏实，即便风光退休，这股莫名的焦虑感却仍然挥之不去……

奖项与头衔助长的无知

无知的自觉

哲学家苏格拉底曾说："我只知道一件事情，就是我什么都不知道。"

要能够觉察无知，并承认自己一无所知，不是件容易的事情。

承认无知，其实就等于是承认自己的渺小，这会带来局限感，降低个人的价值。人们往往会因为想要被人看重，当一个举足轻重且有影响力的人，而粉饰无知，甚至欺骗自己。可怕的是，人们却容易对这整个过程毫无自觉，还自认为不过是在当个尽本分的好人。

这也正是立林所处的状态。

无知比知识更容易招致自信

立林犯了一个严重的错误，就是为了维持自身在实习生心目中的形象，否认自己在专业上的无知，甚至欺骗自己，成了一个没有无知自觉的彻底无知者。

无知的人总是高估自己，就如同生物学家查尔斯·达尔文（Charles Darwin）所说的——无知比知识更容易招致自信。

心理学家大卫·邓宁（David Dunning）和贾斯汀·克鲁格（Justin Kruger）以四个实验证明了这一点。

第一个实验是测试人们分辨笑话好笑度的能力，了解人们能否正确评估一个笑话是否可以令人发笑。研究者请六十五名受试者评估问卷上三十则笑话的好笑程度，以衡量其对幽默的鉴别能力。接着，再邀请八位专业喜剧演员提供意见，综合这些资料，对受试者的幽默鉴别力进行排名，并请他们估算自己的排名顺序。

结果发现，多数受试者会高估自己的排名，其中，排名靠后的25％的受试者，整体高估了46％的排名，也就是说，幽默鉴别力较低者，更会高估自己的排名。

第二个实验是想了解人们能否客观评估自己的逻辑能力。研究者让四十四名受试者完成二十题逻辑思考测验后，请他们评估自己在测验中的排名与答对的题数，结果发现，得分越低的受试者，越容易高估自己的排名与分数。

第三个实验则是想了解人们对自己英文语法能力的评估状况。研究者除了比较受试者自评和实际得分的差异外，还让高分组和低分组两组受试者去评估其他同学的分数，并在了解这些同学的能力水平后，回头重新评估自己的语法能力。

结果发现，低分组的受试者，不会因为经历了与其他人比较的过程，而通过学习去重新调整自己的排名；但高分组的受试者，却会因此对自己的排名与分数进行调整。

最后一个实验，是将已接受逻辑推理测验的一百四十名受试者，随机平均分为两组，其中七十名接受与逻辑训练相关的课程，另外七十名则接受与逻辑无关但有相同时长的课程，并在完成课程后，让他们重新评估自己在一开始逻辑测验中的排名和答对的题数。

实验结果显示，两组受试者都会重新调整答对题数的评估，但接受逻辑训练课程者的调整幅度明显较高，而该组在衡量排名的部分也有显著改善，另一组未接受逻辑训练课程的受试者则无此表现。

这四个实验证明了越无知的人，往往越容易高估自己。心理学称这个现象为"邓克效应"（Dunning-Kruger effect）。研究者认为，能力不足除了会让人无法胜任相关任务外，也可能让人无法正确评估自己的能力。

因为视野的有限，加上急于证明自己在群体中的价值，无知者会把自己有限的知识能力过分夸大，别人眼中的三分能力，无知者可能会自诩为十分能力，借此抬高自己的身价，以取得群体中的高位或其他可能的更大利益，而有限的视野和能力，又回过头来限制了个人的自省能力，框架了认

知广度，使其眼中始终只有自己，活在一种自我感觉良好的
世界中。

自我感觉良好的世界，创造了价值不灭的错觉，否认了
极限，使个人误以为自己可以永恒延续到未来。

哲学家斯宾诺莎曾说，万物都极力延续自己的生命。然
而，生命的必死性却宣告了终点，确立了永恒延续愿望的破
灭。但人们在潜意识中，仍渴望着永生，拒绝承认自己的
平凡。

否认错误带来更大的错误

立林处于"自己从来没有，也不可能会犯错"以及"自
己确实犯了错"的严重认知失调中。

认知失调是由社会心理学家利昂·费斯汀格（Leon
Festinger）所提出的，指的是个人内在所存有的两种认知（想
法、情绪、信仰、态度与行为等），出现矛盾冲突而无法调
和一致时，所产生的一种不舒适的紧张感。而个人为了消除
这种紧张不安，会改变或放弃其中一种认知，以迁就另外一
种认知，让内在恢复成一致的状态，进而消除不舒服的内在
感受。

费斯汀格在其著作《当预言落空时》（*When Prophecy*

Fails）中，以玛莉安·基奇（Marion Keech）发起的末日预言事件来说明认知失调的状态。基奇宣称外星人传话给她，说即将发生大洪水，但外星人会派飞碟来拯救相信这些事情的信徒。有十一名信徒被基奇说服，相信世界末日即将来临，他们在末日来临的前几天都非常雀跃，做了很多准备，有信徒还制作了飞船型的蛋糕庆贺。到了预言末日的当天，信徒们等了很久，却迟迟等不到外星人出现，末日预言的大洪水也没有发生。

基奇说外星人告诉她，末日灾难以及外星人都没有来，是因为这个秘密被泄露出去了。多数信众并没有因为对这结果感到失望而离开（只有两位失望离开），反而从原本积极闪躲媒体的状态，转为积极主动联络媒体，宣传他们的理念。

费斯汀格认为这种诡异的行为，是想要借由说服别人来向自己证明这些理念是对的，因为如果有很多人都相信这件事情，就代表这件事情是有道理的，进而让他们可以合理地说服自己也相信。

为了验证认知失调论，费斯汀格进行了一个实验。他找来一群大学男生作为实验受试者，从事一小时单调乏味的工作（将十二把汤匙从盘中一把把拿出，再一把把放回去）。

受试者事先并不知道实验的内容，他们会轮流进入到实验室中，做出研究者指定的行为。

研究者要求每位从实验室出来的受试者，告诉待在门外的等候者（实际上是研究助理人员）说工作非常有趣，然后分别给予他们1美元或20美元的酬劳（20美元在当时是大数目），但受试者们彼此之间不知道酬劳有差异。

这样的实验设计是为了让受试者经历工作的单调乏味，却又要对别人说工作很有趣的认知冲突。接着再由另外一位研究者私下询问每位受试者工作是否有趣，结果发现，收到20美元的受试者多数表示工作很无聊，承认告诉别人工作有趣是假话；而收到1美元的受试者，多数则表示工作很有趣，跟他们告诉另一研究者的话一致。

费斯汀格认为，得到20美元报酬的受试者，坦承工作很无聊是因为他们知道自己是为了20美元的高报酬才做这项无聊的工作，大家会觉得很合理，所以他们经历的认知失调较少；但得到1美元低报酬的受试者，他们很难向自己还有别人解释说，自己是为了低报酬从事这项无聊的工作一小时，所以认知失调程度较大，只好改变自己觉得工作很无聊的认知，迁就他自己说的假话。

立林为了缓解认知失调的不舒服，否认了自己所犯的错误，导致了更大的错误，伤害了梧树，也伤害了自己。

心理痛苦带来生理痛苦

社会性的心理痛苦，其强度与影响力等同于实质上的生理痛苦。科学家已经从神经生物学的研究上证实了这一点。

神经学家贾克·潘克谢普（Jaak Panksepp）发现，当小狗等各种哺乳类动物经历被孤立的社会性痛苦，只要给予其低剂量的吗啡，就能够明显减轻这种痛苦，也就是说，能够有效缓解生理疼痛的神经生化物质，也能缓解社会性痛苦，代表对大脑而言，社会性痛苦与生理性痛苦是非常类似的。

利伯曼等人以功能性磁共振成像研究人们生理痛苦与社会痛苦的大脑运转，发现生理性痛苦引起的不舒服，与遭到社会性排斥引起的不舒服，都会活化背侧前扣带皮质。这说明生理性痛苦与社会性痛苦，依赖共同的神经机制。

纳森·德·瓦尔（Nathan De Wall）等学者的研究也得到类似的结果，他们发现，当人们吃下缓解头痛的止痛药后，也有助于缓解被排挤造成的心痛感，再次证明生理性痛苦与社会性痛苦的紧密关联性。

这也是霸凌如此伤人的原因。

多数霸凌受害者跟梧树类似，会遭遇言语上的打压、排

挤等，而不见得是肢体上的侵犯，而像这样非肢体性的伤害
造成的痛苦，其强度完全不亚于实质的生理伤害所造成的痛
苦。研究显示，受霸凌的儿童或青少年，抑郁的概率是一般
人的七倍，自杀的可能性也比一般人高出四到六倍。

　　而职场上的霸凌，更会给个人带来心理压力、健康问题
以及产生自杀倾向等诸多不良的影响，而这也是梧树所经历
的。但立林并不认为自己的行为构成了职场霸凌，反而认为
自己是在善尽导师之责，指正梧树的工作态度。他完全没有
意识到自己做错了什么，以及对梧树造成了怎样的伤害，内
心曾有的那一点点不安，也早就因为认知失调导致的自我欺
骗而烟消云散了。梧树成了立林维持自身价值感与形象的牺
牲者，也是替立林背黑锅的替罪羊。

认知失调，让人连自己都欺骗

不认错会让人鄙视自己

　　心理学家马斯洛曾说："如果人的本质核心被否认或
压抑的话，就会生病，有时以明显的方式，有时以隐微的方
式……这种内在核心非常微妙，很容易被习性和文化压力战

胜……即使它被否认，仍然会不断要求得到实现……每一次
与我们内在核心的疏远，每一个违反我们本性的罪过，都会
记录在自身潜意识中，使我们鄙视自己。"

立林的内心深处，或许知道自己是个虚有其表、表里不
一的人。真实的他和他表面所努力经营的形象是完全不同的。
他需要为此付出焦虑的代价、付出在内心深处鄙视自己的代
价。这种挥之不去的焦虑，将永远萦绕在他内心，无法散去，
因为他已经错失了在犯错当下承认错误，并为错误承担起责
任的机会，他的内心，将永远记下自己虚伪的面貌。

诚实面对自己

像立林这样，从伤害别人中所获得的表面利益和风光，
不见得真的对自己有利，也不见得能获得自己内在的认同，
更不见得能够长久。每当夜深人静，独自一人时，他终究得
诚实地面对自己。如果他愿意承认自己的错误，愿意改进自
己的不足，那么他在事业上的发展或许不只如此。在人际关
系上，也更有机会真诚地与人交往，而不是只能被别人敬而
远之。

苏格拉底曾说："未经审视的生活不值得过。"

我们需要常常审视自己和自己的关系，以及自己和别人

的关系，避免成为一个自欺欺人、无知无感却对此毫无所觉的人。

　　→如果你曾为了维护自己的专业形象，而拒绝承认犯下的错误……

　　*每个人都会犯错，即使是位高权重的资深前辈也会。

　　*逃避面对错误的责任，就失去了从错误中学习的机会，那么下次还会犯同样的错。

　　*将错误推给无辜者，会对无辜者造成极大的伤害，不但无法改变犯错的事实，还累加了新的错误，错上加错。

　　*日久见人心，总会有人知道真相。

　　*短暂蒙骗别人，却骗不了自己。

　　*自我欺骗，将引起内在对自己的鄙视、不安，内心也会跟着扭曲。

　　*想想无辜背黑锅者的感受。

　　*勇于承认自己的错误，即使被人责备，也能从错误中成长，避免再犯同样的错。

　　别人会看到你承认错误的勇气。

　　自己的内在也会肯定自己。

　　→如果你在工作上，被掌权者当成代罪羔羊……

＊诚心审视自己工作上的疏失。

＊掌权者也有盲点、也会犯错，也有自己的问题。

＊不要把别人的错，当成是自己的错。

＊不要跟着掌权者扭曲自己的内心，牺牲自己来成就别人。

＊鼓励自己："这是别人将错误推给我的，不是我的问题，我不需为别人的错误自责，我已经尽力做好自己的本职工作了。"

＊尽可能地在工作上寻求其他人的协助，不要单独面对。

面对错误时的思考练习

关于职场难以避免的麻烦或错误，我们可以思考以下几个问题：

一、我是怎么看待自己的？我认为自己是个什么样的人？我会怎么形容我自己？

二、我觉得我的缺点是什么？我曾因这个缺点在工作、学习或人际交往上犯了什么样的错误？

三、当我发现自己犯错时，我的想法与感受是什么？我会怎么评价自己？

四、当我犯错误时，我习惯用什么样的方式去处理？这种处理方式会带来什么影响或后果？

五、当我犯的错误影响到别人时，我会怎么做？

六、当别人犯错时，我会怎么评价对方？当我的职位高于或低于犯错的对方时，我的处理方式会有什么不同？

七、对于自己不了解的事情，我会做什么？我会为了面子不懂装懂吗？还是会勇于承认自己的无知？

八、跟别人合作时，我会怎么面对团队的错误？我会把责任全都推给别人吗？会习惯性地去指责别人吗？还是会审视自己的责任？

结　语

帮助自己建立滋养性的关系形态

在看过了各种关系物化的案例后，我们可以了解到，单向的物化关系形态，会给关系带来各种伤害，而要摆脱这样伤害性的关系，让关系充满滋养，最重要的，就是要经营关系中的"双向性"。

滋养性关系中的双向特征

对主体性的尊重

每个人都是独特的个体，都有自己的想法、情绪以及需求。

在滋养性的关系里，我们会关心别人的存在与成长，就像关心自己的存在与成长一样；我们会认识到对方和自己一样，是特别且独立的个体。

同样地，如果对方跟我们一样，想要维持滋养性的关系，他们也会关心我们，就如同关心他们自己一样；会认识到我们和他们一样，是独立且特别的个体。双方会为共同的目标而努力，努力在彼此交会时，真诚地对待彼此，让互动充满能量和生机。

自发性与主动性

滋养性的关系，是一种自发、主动付出的过程。简而言之，就是一种"爱"人的过程。

如同弗洛姆所说，"爱"是主动而不是被动；是给予而不是接受；是"站立其中"而不是"落入其中"。他认为，当人给予他人时，会为他人带来某些东西，而这些他人获得的滋养，必然会回报在自己身上。更重要的是，给予也会促使别人成为付出者，让彼此共享这交互作用产生的光辉。

双向付出，能让关系中的彼此都更为丰富。

动态性调整

滋养性的关系并非静止不动的物品，而是有如生命体一般，是一种动态的进行式，随时都处在一种因双方的需要不同而不断调整变动的状态中。我们会在关系的互动中，为了适应彼此的差异，不停地在适应的过程里进行调整。

"我"会因为"你"而改变，"你"也会因为"我"而改变，"我们"会因为持续调整中的"你"和"我"而不断地更新。"我"和"你"在这持续更新的"我们"里，也会持续地创造出有别于过往的彼此，让彼此在相互关系中，处在一种双向滋养与成长的状态中。

建立滋养性的关系形态

带着对滋养性关系的理解，我们可以帮助自己，建立健康而富有滋养性的人际关系。

审视关系中双方的人际模式

在前言中所提到的，只关注自己、忽略他人、单向性，是最常见的关系物化模式，我们可以用这三个指标，审视自己在和别人互动时，我们是怎么对待别人的。我们是不是都将焦点放在自己身上，一直将自己放在舞台的中心，还是为了让自己有个好的形象，或为了从对方身上获取资源，不停地牺牲自己、放弃自己的需求以讨好别人。同样地，也可以用这些指标，审视关系中的对方，是不是过度以自我为中心，不断地放大自己，伤害别人，或是不停地缩小自己、隐藏自己。

通过本书各篇原型故事案例，辨识自己和对方的人际模式，同时理解这些模式背后的需求，评估这些行为给双方带来的影响。

找出需要调整的部分，并果断地采取行动

从审视、辨识以及理解双方人际模式的过程中，找出会伤害彼此的行为，把握滋养性关系中的双向性特征——对主体性的尊重，自发性、主动性与动态性调整，对自己的伤害性行为做出改变，真诚地与对方沟通，找出彼此都可接受、互惠的互动方式，并加以执行。

如果发现自己已经尽了全力，对方仍旧物化自己，不给予自己对等的尊重，离开关系或保持距离也是可以考虑的选择，不需要为难自己勉强停留在一段无法修补的关系之中。

当然，在很多时候，我们无法按照自己的意愿完全舍弃或终止有伤害性的物化关系（例如，在亲子关系或职场情境

里），这时别忘了不要单打独斗，一定要勇于寻求他人的协助，与我们信任的亲朋好友讨论如何面对恶意的物化攻击、伤害，学习适当地回应，表达自己真实的感受，而不是一味地沉默忍受，任由对方物化自己。

勇于寻求协助

当我们发现一般关系陷入僵局，即使已经努力调整，还是无法摆脱困境时，关系中的双方要提醒彼此，可以听听亲朋好友的不同意见，让自己免于掉入"当局者迷"的情境中，更重要的是，要学会适时寻求心理医生等专家的专业协助，借机厘清盲点，找出自己存在的问题，才能对症下药。

只要愿意伸出双手求援，给别人帮助你的机会，你就会发现，其实我们并不孤单。

后　记

我们都是在暗夜狂流中独自漂流的小船

关系的重要性，不只是心理上的，也是生理上的。

研究证实，我们对于"关系"的渴望，根植于大脑之中。科学家观察出生两个礼拜的婴儿，这个阶段的新生儿眼睛都还无法聚焦，辨识外界事物都有困难，还没有足以对人际社会产生兴趣的能力，但是他们的大脑与人际联结有关的脑区运作活跃程度却跟成人相同。这代表我们大脑对于"关系"的重视，早于婴儿开始对人际社会产生意识的时间。

其他研究也发现，当实验参与者在执行指定任务（如按要求计算数学题目）的空档时（不同数学题目出现的时间间隔都只有几秒钟），他们大脑中预设社交网络的活跃度，就跟没有执行任何任务的时候一样。

这表示，活化预设网络是大脑偏好的反射状态，只要一有机会，我们的大脑都倾向花力气去处理或整理与人际关系有关的社会信息。

换句话说，渴望与他人联结不单纯只是心理需求，也是大脑实质的生理需要。

关系无法消灭孤独，但可以帮助我们面对孤独

因为每个人的存在，从诞生那一刻开始，就注定付出脱离这个世界的必然代价——孤独。也因为如此，任何物化他人、将他人作为消灭孤独感工具的行为，都是注定会失败的。

既然孤独是我们诞生于这个世界的必然代价，我们唯一的应对方法，只有正视这个事实，承认与接受每个人都是孤独的——包括自己。

唯有发自内心，看见每个人的孤独，理解所有人其实都处于相同的状态，我们才能真正接触到彼此的灵魂。

如同心理学家亚隆所说的："我们都是黝黑大海上的孤独之船，我们看见其他船上的灯火，虽然无法碰触这些船，可是它们的存在与相似的处境，却能提供莫大的慰藉。我们了解自己是全然地寂寞与无助，可是如果能打破我们没有窗

户的斗室，就会了解面对相同孤独恐惧的他人。我们的孤独感会因为对他人的悲悯而退开，不再如此恐惧。"

科技的发展提供了越来越多的逃避渠道，当面临挫折或者其他负面的感受时（包括生存必然的孤独感），我们学会用最快的速度逃进充满声光与感官刺激的虚幻世界，回避我们在这世界上的真实处境。也因此，我们越来越看不清楚自己、别人以及我们在世界上的真实处境。

在这种状况下，每个人都慢慢被变成"物品"，等着被消耗掉。直到生命的尽头，我们才发现，原来我们常常把最重要的时间、精力、健康以及关系等，浪费在追求短暂的快感，或者换取被认为最重要的名利、权位上。直到临终时，才懊悔不已。

这本书是为了那些被困在物化关系中的人而写的，希望能对他们脱离困境有一点点帮助。期许这个世界因有我的存在，而能多一点点微不足道的亮光。

这本书也是为了我自己而写的，提醒自己要重新思考生命中的重要关系，不要到死前才徒留遗憾。

这本书更是写给我最亲爱的家人——父母、妻子、兄长以及亲朋好友们的，是他们点亮了我的世界，温暖了我的内心。

写给我的孩子，希望能为他在成长的道路上，提供一些指引。

感谢上苍。